嵌入式处理器
调试方法与案例分析

Debug Methods and Examples for Embedded Processor

扈 啸 王耀华 ◎ 著

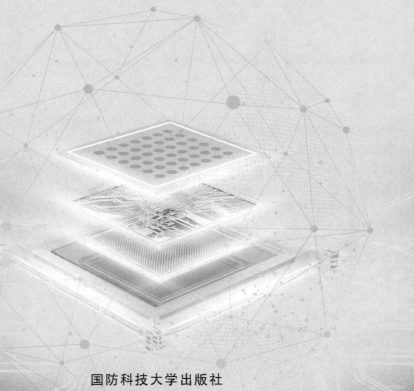

国防科技大学出版社
·长沙·

图书在版编目（CIP）数据

嵌入式处理器调试方法与案例分析/扈啸，王耀华著．—长沙：
国防科技大学出版社，2024.4（2024.7 重印）
ISBN 978 - 7 - 5673 - 0638 - 7

Ⅰ．①嵌…　Ⅱ．①扈…②王…　Ⅲ．①微处理器—调试方法
Ⅳ．①TP332

中国国家版本馆 CIP 数据核字（2024）第 076586 号

嵌入式处理器调试方法与案例分析

Qianrushi Chuliqi Tiaoshi Fangfa Yu Anli Fenxi

扈　啸　王耀华　著

责任编辑：王颖娟
责任校对：任星宇

出版发行：国防科技大学出版社		地　　址：长沙市开福区德雅路 109 号
邮政编码：410073		电　　话：（0731）87028022
印　　制：国防科技大学印刷厂		开　　本：710×1000　1/16
印　　张：14		字　　数：244 千字
版　　次：2024 年 4 月第 1 版		印　　次：2024 年 7 月第 2 次
书　　号：ISBN 978 - 7 - 5673 - 0638 - 7		
定　　价：68.00 元		

自　序

　　撰写本书的初衷是对项目团队的芯片设计工程师和技术支持工程师进行培训。芯片设计工程师迫切需要高效地进行芯片验证和调测试，技术支持工程师需要解决大量芯片应用技术问题，大家都在不断积累嵌入式处理器系统的知识体系和使用方法。在对工作的不断总结、提炼和完善中，最终形成了更具通用性的嵌入式处理器调试方法与案例分析。

　　在技术工作中，有些人思路清晰；有些人学啥都快；有些人解决问题能力强，对各个领域都能给出中肯建议，比如归零会上身经百战的技术专家。这些人会有一个统称——"厉害"。

　　"厉害"到底是什么？如同"盖大楼"＝砖块＋图纸，很可能"厉害"＝知识＋思维。

　　知识：是解决问题使用的"砖块"。但在实际工作中的问题往往是：知识浩如烟海，哪些是需要深入掌握基础后才能入行的？哪些是可以在工作中遇到问题时现学现用的？具体到嵌入式处理器调试领域，是否能形成一个有边界和学习资料列表的知识体系？类似一个"知识库大集结"，所需要的知识在里边都有收录？基于此思路，本书列出了一个针对本技术领域的知识细分目录作为附件。

　　思维：是解决问题使用的"图纸"。当前介绍高层思维方法的书籍多，经常是从小学阶段就开始强调对逻辑思维甚至批判性思维的训练。但针对具体某一领域思维方法的归纳和提炼，类似于可操作性强的思维"中间件"或"函数库"，以及把工具和方法各归各位的指导框架比较少。本书就是在调试技术领域中提炼"领域思维方法"的一次尝试。

　　在嵌入式处理器应用开发调测试领域的工程师想从"小白"到专家，参照"一万小时定律"做一个不太准确的估计，可能需要积累一万个微操作（常识），积累一千个熟练使用的硬盘块（技术点）。微操作是指本领域的技术人员默认应该会的常识和技能，技术书籍和资料往往没法描述这么细致或全面，但在难度上，一个高中生跟师傅看一遍也能明白个大概。硬盘块是指掌握这个技术点所积累的较全面的参考资料和例子代码等，在硬盘中以一个文件夹的方式存储。

希望本书的读者，能找到最好的学习资源（对该技术点表达方式的最佳实践），灵活运用知识层次化封装，大幅缩减学习时间，掌握调试技巧，简化调试的复杂性，享受调试的确定性！

作　者
2023 年 6 月

前　言

随着世界信息时代数字化进程发展，对嵌入式设备的需求快速增长，嵌入式处理器的复杂性显著提高，已经达到上百个处理器核、数百亿晶体管的规模，嵌入式软件的复杂性也不断提高，芯片硅后费用（包括芯片测试和嵌入式软件开发）在整个系统成本中的比例也越来越高。由于产品竞争日趋激烈，对消费类电子等领域的嵌入式产品来说，上市时间在某种程度上已经成为比功能、成本、功耗和体积更关键的指标。同时，尽管软件开发方法在不断发展，但软件中的故障还是持续增加。

嵌入式处理器硅后测试和软硬件开发都需要高效的调试手段，以实现对处理器芯片内部信号的采集、存储和分析，提升对芯片软硬件复杂运行状态的可观测性和可控制性。当前，嵌入式处理器的调试手段以仿真器和入侵式的断点/单步调试为核心，结合片外仪器示波器、逻辑分析仪，以及片内软件插桩、软件剖析（Profiling）等工具和方法，部分处理器增加了专用硬件电路以实现非入侵的片上追踪（Trace）调试，还出现了片上测试仪器等工具。但调试过程因人而异，调试新手与高手的调试效率可能天差地别。如何合理选用各种调试工具？如何运用逻辑、因果等思维方法更准确高效地提出假设、快速定位、排除故障？其中的调试技巧是什么？有没有一种方法论能更清晰地指导调试过程？本书结合多年来硅前验证、硅后测试和产品支持的经验，深入讨论分析了嵌入式处理器的调试模型、工具和方法，总结了一套调试原则和方法学，并分析了若干类型的实际调试案例。

本书的内容安排包括：

全书共分6章：第1章介绍了研究背景和主要内容，对目前嵌入式处理器调试技术领域现状进行了概述，对多核处理器的调试挑战进行了分析；第2章对解决工程问题的通用调试方法进行了论述，重点讨论了集合与逻辑、概率与因果方法、逻辑树与故障树等方法，提出了基于概率故障树的推理，并特别讨论了质量归零的方法和步骤；第3章概述了调试的技术和工具，讨论了处理器调试的模型，提出了一套调试的理论模型和基于影响要素的调试方法论；第 4 章对嵌入式处理器系统的核心设计问题进行了分析论述；第 5 章结合 10 个经典调试案例，对软硬件多种调试过程进行了深入描述和剖析；第 6 章对大量调试案例进行了分类归纳并简要分析。

本书由扈啸、王耀华编写完成。郭阳、刘衡竹、陈跃跃、孙永节、鲁建壮等审阅书稿，提出了宝贵意见。卢灵敏、唐婷、赵兴波、黄彬偌、唐旭东、蒋清弘、张世亮、唐玉婷、刘月辉、王磊、蒲伟、粟毅、谢春辉、肖珊、陈慧、吴泽霖、胡智玲、赵奇飞、李继维等提供了宝贵素材并一同讨论。唐婷协助修订了全书文稿。

全书的编写得到了国防科技大学计算机学院领导和同仁的大力支持，在此一并表示衷心的感谢！

调试技术博大精深，纷繁复杂，作者水平有限，仅能管中窥豹，书中难免存在不妥甚至错误之处，恳请读者和专家不吝赐教。

作　者

2023 年 6 月

目　录

第1章 嵌入式系统与调试技术概述

本书针对嵌入式处理器调试展开研究，技术背景是信息时代无处不在的嵌入式系统，技术需求来自嵌入式系统的核心——嵌入式处理器的软硬件开发过程。本章首先概要介绍了嵌入式系统，然后列举了嵌入式系统的主要调试技术，进而对开发调试的难点进行了简要分析，最后对嵌入式系统调试所涉及的知识点进行了归纳。

1.1 嵌入式系统概述

在消费类电子、物联网、工业自动化、通信、医疗、汽车等行业对智能化设备的巨大市场需求下，全球嵌入式系统（Embedded System）产业得到了快速发展，服务于人类生活的方方面面。

嵌入式系统的全称是嵌入式计算机系统，即嵌入到对象体系中的专用计算机系统。目前国内普遍认同的嵌入式系统定义是：以应用为中心、以计算机技术为基础，软件、硬件可裁剪，适应应用系统对功能、可靠性、成本、体积、功耗的严格要求的专用计算机系统。一般来说，嵌入式系统由嵌入式处理器、外围硬件设备、嵌入式软件三个部分组成，其核心是嵌入式处理器。

当前嵌入式系统的一个重要发展趋势是寻求应用系统在硅芯片上的功能不断扩展，以提高计算能力，并降低成本、功耗和体积等计算代价。因此，嵌入式处理器的集成度不断提高，从最初仅包括中断和定时器等少量外设的单个处理器核，逐渐向含有大容量存储器、协处理单元和多类型处理器核的片上系统（System on Chip，SoC）发展。

随着SoC集成电路复杂度的增加和快速产品化压力的增大，可调试性设计作为硅后调试的支撑技术已成为集成电路设计领域的研究热点。受到设计复杂度高、软件模拟速度慢、时延模型精度低等因素制约，芯片流片前（硅前）验证已无法保证硬件设计的全部正确性，一些设计错误遗漏到流片后（硅后）或投入市场后才被发现，造成巨大损失。硅后调试可验证流片后芯片的正确性，并检测、定位和诊断硅前遗漏的设计错误。由于流片后芯片可观测性差，硅后调试成为 SoC 集成电路开发流程中的重要瓶颈，有研究表明硅后调试往往占用 30% 以上的开发时间。可调试性设计通过在芯片设计阶段增加辅助硅后调试的专用调试电路，可以提高硅后调试时集成电路内部的可观测性，缩短硅后调试时间。

嵌入式系统中的软件主要包括硬件驱动程序、嵌入式操作系统和嵌入式应用软件三部分。嵌入式软件的功能相对稳定，代码长度有限，一般都固化在非易失性存储器中。从提高代码执行速度和降低存储器成本等多方面考虑，嵌入式软件代码需具备高质量和高可靠性，部分嵌入式软件还有一定的实时性要求。因此，相对于通用处理器中的程序，嵌入式程序常常需要更精细的调试。整个嵌入式系统的调试过程实际上承担了两方面任务：对软硬件设计错误的检测和清除，以及对程序性能的优化（调优）。

随着嵌入式应用的快速增长，嵌入式软件的规模和复杂性不断提高，嵌入式软件的开发费用和系统调试费用在整个系统费用中所占的比例也越来越高。由于产品竞争日趋激烈，对消费类电子等领域的嵌入式产品来说，上市时间在某种程度上已经成为比功能、成本、功耗和体积更关键的指标。同时，尽管软件开发方法学在不断发展，但软件中的故障还是继续增加。

综上所述，在嵌入式系统中，高效的软硬件调试开发是降低产品研制成本、缩短研制周期和提高产品质量的关键，因此，高效的开发调试方法和工具越来越受到关注。

1.2　嵌入式系统的开发调试技术

嵌入式系统资源有限，在通常情况下只能运行嵌入式操作系统和功能有限的嵌入式应用软件，其自身无法提供调试所需的交互环境和软件工具。因此，嵌入式系统开发调试环境一般在个人微机或工作站中运行，通过一个硬件调试器或一根通信电缆实现对真实嵌入式处理器的调试。通常将用于开发嵌入式系统的计算机称为调试主机，将嵌入式软件的运行环境（即嵌入式处理器）称为目标机。

嵌入式软件的集成开发环境（Integrated Developmont Environment，IDE）运行于调试主机中。嵌入式软件的开发工具包括 IDE，以及在 IDE 中调用的编译器、链接器、汇编器、反汇编器、软件模拟器和调试器等。当前调试器主要有基于代理程序的软件调试器和基于仿真器的硬件调试器两类，硬件调试器又可分为在线仿真器（In-Circuit Emulator，ICE）和在线调试器（In-Circuit Debugger，ICD）。在线仿真器和在线调试器一般统称为"仿真调试器"或"仿真器"，是用于连接目标机和调试主机传输调试信息的专用硬件装置。

1）软件调试器是驻留在目标机中的调试代理程序。通过执行自陷指令激活代理程序，调试主机与代理程序通过串口等计算机通用接口完成调试所需交互，再由代理程序在目标机中完成如断点设置和寄存器访问等具体的调试功能。软件调试器适用于调试高层应用程序，但在调试硬件驱动程序和操作系统等方面存在一定困难。

2）ICE 调试方式是一种较为古老的调试方式，其采用专用的仿真处理器替代量产标准处理器实现调试功能。仿真处理器与量产标准处理器的结构和功能基本相同，但增加了调试所需的存储器和控制电路。低端嵌入式处理器的面积小而用量大，在量产芯片内部集成调试逻辑的成本相对较高，因此，ICE 调试方式在低端嵌入式微控制器领域得到广泛使用。仿真处理器需通过插座接入电路板中目标处理器的位置，替换目标处理器工作，因此 ICE 调试方式能够支持的 I/O 脚数量受到封装的限制。仿真处理器与量产标准处理器不完全相同也是 ICE 调试方式的不足。

3）ICD 调试方式将调试逻辑设计在量产目标处理器内部，从而弥补了 ICE 调试方式的不足。为避免对处理器功能的影响，片上调试逻辑一般采用专用接口通过 ICD 调试器与调试主机通信。为减少占用的芯片管脚，当前通行的方法是将该接口与联合测试工作组（Joint Test Action Group，JTAG）接口复用。随着硅片成本的降低，中高端嵌入式处理器大量采用 ICD 调试方式。当前多数处理器的仿真器都是指该处理器的 ICD 调试器。

嵌入式系统是同具体应用紧密结合在一起的，它的升级换代也和具体产品同步进行，因此嵌入式系统产品一旦进入市场，往往具有较长的生命周期。同更新较为频繁的通用计算机软硬件不同，嵌入式系统的硬件和软件都应高效设计，量体裁衣、去除冗余，力争在同样的硅片面积上实现更高的性能。开发调试环境作为程序员与处理器硬件的接口界面，直接影响研发进度和硬件性能的充分发挥。因此，各处理器厂商都很重视发展和完善自己的开发调试环境，努力提供功能强大和易学易用的开发工具，以提高处理器的竞争力。同时也出现了大量专门提供开发调试工具的厂商，嵌入式开发调试技术正在蓬勃发展。

1.3　嵌入式多核处理器的开发调试

　　随着新一代片上芯片系统技术的发展，单个芯片上集成的复杂功能显著增加，更多的处理单元、特性和功能同时被嵌入同一个硅片中，嵌入式复杂性超过了逻辑分析仪的调试分析能力，需要多种基于调试器的诊断工具为嵌入式设计提供辅助支持。

　　多核处理器芯片结构更是显著增加了系统的复杂度。随着单芯片内多核结构的普及，多处理器系统的调试问题越显突出。在没有多核调试支持的开发环境中，调试者不得不使用多个仿真器和多个调试环境。每次调试一个核，对其他核的工作状态只能进行推测，这给调试有复杂通信和数据交换的多核应用带来不便。

　　通过 JTAG 接口和 ICD 调试方式将调试逻辑嵌入目标机内部。借助 JTAG 协议的支持，可以将多个处理器芯片的调试接口串接至单一仿真器，这为在集成环境下调试多核提供了物理基础。但串接 JTAG 接口会造成调试命令延迟，使得在多个核中同步执行调试动作和断点交叉触发都难以精确实现。

　　当多个处理器核集成在单一芯片内部时，则易于通过在芯片内增加硬件电路来支持多核调试[1]。各核同步执行调试动作和断点交叉触发是最重要的多核调试功能。当前嵌入式多核 SoC 处理器调试解决方案有 ARM 公司的 CoreSight[2-3]、TI 公司的 PDM（Parallel Debugging Manager）[4] 和调试标准 Nexus[5] 等。

1.4　嵌入式系统调试知识库

　　为了调试、测试和开发基于处理器的嵌入式系统，需要电子技术、集成电路、计算机、软件工程、通信等学科领域广泛的基础技术和知识储备。各个技术点从原理、入门到进阶和精通，都有大量教材和技术书籍供学习掌握。

虽然技术学海无涯，但至少应该了解各个技术方向的概要和范围，以便需要时能快速定位、高效学习，并做到现学现用。

在基础技术原理方面，应达到本科生课程的水平，包括 A1 电路基础、A2 软件方面、A3 计算机硬件等。

在领域专业知识及工具方面，大部分常识要求了解即可，与所从事工作相关的部分内容应达到研究生课程水平，并具备快速学习和应用的能力，包括 B1 电子系统设计、B2 电子系统硬件设计与制造、B3 集成电路设计与制造等。

在协议、元器件手册等特定产品信息方面，要求具备查阅元器件中英文产品手册的能力，理解具体参数含义，并能快速阅读抓住要点。具体包括 C1 嵌入式最小系统及配套芯片、C2 常见高速接口、C3 常见低速接口、C4 常见处理器内部部件、C5 各种标准等。

在工具使用方面，包括 D1 仪器使用和 D2 常用设备等。

在软技能方面，则包括了团队协作和常用工作方法等。

嵌入式系统调试的知识库详细介绍见本书附录 1。

第 2 章　工程中的通用调试方法

　　调试是先思考如何做，然后不断操作、观察、思考、讨论的循环迭代过程。每个步骤都需要独特的技能，但其中的核心一定是思考如何做。好比流传的那个专家修电机的故事：用粉笔划一根线，报酬 1 元；确定在哪划线，报酬 9 999 元。

　　思考的核心则是以逻辑思维为代表的一系列方法和工具。本章从逻辑思维的基础出发，简要介绍集合、逻辑、概率统计的基本概念，初步介绍因果分析的相关内容，深入分析思维方式在调试中的应用，展开论述基于故障树的调试分析方法，最后介绍具有中国航天特色的解决质量问题的归零方法。以上概念、方法和工具大多由来已久，相关书籍资料丰富，因此本章对其不展开详述，仅是引出与处理器系统调试的关系和应用方向。

2.1　基础概念与方法

2.1.1　集合

　　集合的定义：由一个或多个确定的元素所构成的整体。这里的"元素"，是非常抽象的概念，它可以指代任何同种或不同种的对象，可以是实物也可以是概念，还可以是类别或方法。

　　设 A、B 为两个集合，则 A、B 集合的相互关系主要可分为四种，如图 2.1所示。

　　调试的对象、操作方法、观察现象等可能多种多样，不仅同一类型的实物（如板卡、器件）可以用集合表示，不同的调试方法和多次的观察现象也可以用集合来表示。再扩展开，不同的空间关系、时间关系、连接方式、结

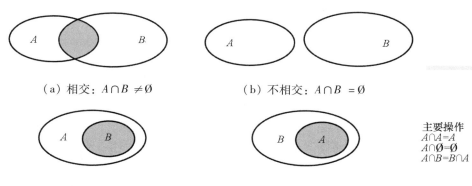

（a）相交：$A \cap B \neq \emptyset$　　　（b）不相交：$A \cap B = \emptyset$

主要操作
$A \cap A = A$
$A \cap \emptyset = \emptyset$
$A \cap B = B \cap A$

（c）包含：$A \cap B = B$　$B \subset A$　　　（d）包含：$A \cap B = A$　$A \subset B$

图 2.1　集合的四种相互关系和主要操作

构形态都可以用集合来表示。

2.1.2　逻辑

逻辑在狭义上既指思维的规律，也指研究思维规律的学科即逻辑学；在广义上泛指规律，包括思维规律和客观规律[6]。逻辑包含的内容广泛、博大精深，本节仅将工程中与调试相关的常用逻辑方法列举如下（其含义容易在各种资料中找到，不在此详细叙述）：

- ∀ 逻辑关系
  - 逻辑与
  - 逻辑或
  - 逻辑非
  - 逻辑异或
  - 逻辑同或
- ∀ 逻辑思维
  - 对比求同法
  - 对比求异法
  - 排除法（剩余法）
  - 反证法
  - 假设法
  - 替换法

- 等效法
- ∇ 充分必要条件
  - 充分条件
  - 必要条件
  - 充要条件
  - 三段论
- ∇ 因果分析
  - 正推：从原因推理结果
  - 逆推：从结果推理原因
  - 因果链：从一个原因推理一个结果，以这个结果作为原因推理下一个结果
- ∇ 对立矛盾
  - 抽象与概括（分析方法）
  - 分析与综合（分析方法）
  - 归纳与演绎（分析方法）
  - 静止与运动（不变与变化）
  - 增加与减少（变化类型）
  - 改变与替换（变化类型）
  - 量变与质变（变化类型）
  - 相对与绝对（变化类型）
  - 现象与本质（变化类型）
  - 连续与离散（变化类型）
  - 一般与特殊（变化类型）
  - 局部与整体（变化范围）
  - 典型与极限（变化范围）
  - 内因与外因（变化原因）
  - 偶然与必然（变化原因）
  - 出现与消失（变化现象）
  - 不变与变化（变化现象）
  - 偶发与频发（变化现象）
- ∇ 结构关系
  - 归属关系：上下层次

- 并列关系：同一层次
- 一对一关系：线状结构、环状结构
- 一对多关系：一分为多的事物彼此并列，如树状结构、星状结构
- 多对一关系：并列的事物结合为一
- 多对多关系：网状结构

以上大部分逻辑方法可以用集合的逻辑关系精确表述。如充要条件中，假设 A 与 B 是两个集合，若 A 包含 B，则 A 是 B 的必要条件，B 是 A 的充分条件。当集合 A 与 B 相等时，则 A、B 互为充要条件。如采用三段论则可以描述为：若 A 中的全部元素都有属性 a，且 A 包含 B，则 B 中的全部元素也有属性 a。这些概念在调试技术领域也有广泛应用，"逻辑关系"和"逻辑思维"可用于对多个调试对象或多种现象方法的处理，"充分必要条件"和"因果分析"可用于调试中的推理，"对立矛盾"可用于识别各种相关关系，"结构关系"可用于对象分类和实施各种调试控制方法。

2.1.3　概率统计

在软硬件调试过程中，往往会遇到偶发的事件和现象。偶发事件和现象在概率统计中被称为随机事件。调试者掌握一些概率统计的相关思想和方法，对分析和解决调试问题很有必要。

随机事件在更深层次上的本质很可能不是随机的，即有规律可循或是有模型可解释。但由于当前研究能力所限，无法获得足够信息，或是影响因素过多以致于模型过于复杂，当前适于用对象的统计特征来描述和研究。如上电后静态随机存取存储器（Static Random Access Memory，SRAM）中的初始数值，从机理上分析应是随机值，但也可能呈现一定统计规律。

统计的目的是利用样本对总体进行推测[7]。样本是关于特定变量的一个独立观测值集合。当样本由随机采集的观测值组成，且其中每一个观测值与其他观测值相互独立时，称为随机样本。调试过程中观察到的事件，可以看成是对总体规律的随机抽样，即随机样本。随机样本的关键特征是：它与作为其来源的总体没有系统性的差别。简单随机抽样是指从总体中抽取的每个样本都有相同概率被抽取到。

1）统计值和参数：样本的特征称为统计值，总体的特征称为参数。最常见的统计值有均值、标准差、最大值、最小值、中位数等。统计值是调测试

中实际测量的数值，参数是希望获知的数值，但它只能通过对统计值的分析和猜测获得。

2）大数定律：大数定律（Law of Large Numbers）是一种描述当试验次数很大时所呈现的概率性质的定律，在试验不变的条件下，重复试验多次，随机事件出现的频率近似于它的概率。因此调测试中偶然现象很可能代表着某种内在规律或问题。

3）显著性检验：显著性检验（Significance Test）是事先对总体（随机变量）的参数或总体分布形式作出一个假设，而后利用对抽样样本的统计分析来判断这个假设是否合理，即判断总体的真实情况与原假设是否有显著性差异。在调测试中，显著性检验是要判断调试现象（抽样样本）与我们对故障机理的假设（总体所做的假设）之间的差异是纯属偶然，还是由我们所做的故障假设与真实情况不一致而引起的。观测到的调测试现象（抽样试验）也会存在抽样误差，对现象要进行深入的比较分析，鉴别出差异是抽样误差引起的，还是由试验处理中其他相关因素引起的。

4）置信度和置信区间：在使用抽样对总体参数作出估计时，由于样本的随机性，其结论总是带有一定不确定性的。因此，采用一种概率方法来描述"估计值与总体参数在一定允许的误差范围内，其相应的概率有多大"，这个相应的概率称作置信度（Confidence Level）。相应地，置信区间（Confidence Interval）是对某个概率样本的某个总体参数的估计区间。置信区间展现的是这个参数的真实值有一定概率落在测量结果的周围的程度，即被测量参数测量值在"一定概率"下的可信程度范围。

概率统计是调试中重要的数学工具和分析方法。俄国作家列夫·托尔斯泰说过，"幸福的家庭都是相似的，不幸的家庭各有各的不幸。"这句话很好体现了概率统计在调测试中的一种应用。以存储器为例，电路结构决定了SRAM类型的存储器上电后各 bit 位的数值很可能是随机分布的，那么一个字地址（32 bit）整体呈现的数值也应该是随机的。但如果实际测试中发现某些字地址的数值有一定规律性，如大部分 bit 位是相同值，或是若干不同地址的字内容是高度接近的数值，或是 32 bit 屡次呈现浮点数数值的规律，那么这些现象都可能是潜在突破点，可深入分析其是否由其他因素导致，如是否存在软件代码将其改写过。

2.1.4　故障及相关概念

对于失效（Failure）、故障（Fault）和错误（Error）存在多种描述形式。本书采用了一种比较综合的定义[8]。系统在运行到一定的时间，或在一定的条件下偏离它预期设计的要求或规定的功能，这种现象通常称为失效。故障是导致系统产生失效的似然条件和推理上的原因。系统中的某一个部分由于故障而产生了非正常的行为或状态的现象称为错误。错误如果不加以排除，将最终导致系统失效。缺陷（Defect）是系统在设计制造过程中产生的自身固有问题，缺陷不一定会被触发造成故障。

嵌入式系统故障主要分为物理原因引起的硬件故障和软硬件的设计故障[9]。硬件故障按照持续的时间又可以分为瞬时故障和永久性故障。瞬时故障持续的时间很短，通常发生后立即消失，硬件系统可以自行恢复正常的功能。

在不产生歧义的情况下，本书在研究调试技术时不细致区分故障和它引起的错误。

2.2　因果方法

2.2.1　相关与因果

1. 相关

在统计学中，相关性（Correlation）或依赖性是两个随机变量或双变量数据之间的任何统计关系，无论它们是否为因果关系。研究变量之间线性相关程度的量化指标是相关系数（Correlation Coefficient）。由于研究对象的不同，相关系数有多种定义方式。在研究变量之间的线性相关程度时，较为常用的是皮尔逊相关系数。设 X 和 Y 为两个随机变量，则其皮尔逊相关系数 r 表示为：

$$r(X,Y) = E\{[X - E(X)][Y - E(Y)]\} / \sqrt{VAR(X)VAR(Y)} \qquad (2.1)$$

相关系数 r 的取值范围是 $-1 \leqslant r \leqslant 1$。相关系数的绝对值越接近 1，说明两变量间线性相关程度越高；绝对值越接近 0，说明线性相关程度越低。同

时，相关系数的正、负分别代表了两变量同时变化的方向是相同还是相反。在统计学上，当 $|r| > 0.8$ 时一般可认为两个变量之间是"强相关"；当 $|r| \leqslant 0.4$ 时认为两个变量之间为"弱相关"。采用皮尔逊相关系数能更精确地从不同维度对线性相关关系进行数理衡量，因此被广泛应用。

在生活中还经常使用相关关系这一概念。当一个或几个相互联系的变量取一定的数值时，与之相对应的另一变量的值虽然不一定完全确定，但它仍按某种规律在一定的范围内变化。变量间的这种相互关系，称为具有相关关系。从相关系数来理解，称两个事物具有相关关系一般是指其相关系数为"强相关"。

对相关关系的常见分类描述方法列举如下：

1）按程度分类

完全相关：两个变量之间的关系可由一个函数完全确定。

不完全相关：两个变量之间的关系介于不相关和完全相关之间。

不相关：两个变量彼此的数量变化互相独立，没有关系。

2）按方向分类

正相关：两个变量的变化趋势相同，从散点图可以看出各点散布的位置是从左下角到右上角的区域，即一个变量的值由小变大时，另一个变量的值也由小变大。

负相关：两个变量的变化趋势相反，从散点图可以看出各点散布的位置是从左上角到右下角的区域，即一个变量的值由小变大时，另一个变量的值由大变小。

3）按形式分类

线性相关（直线相关）：当相关关系的一个变量变动时，另一个变量也相应地发生均等的变动。

非线性相关（曲线相关）：当相关关系的一个变量变动时，另一个变量也相应地发生不均等的变动。

4）按变量数目分类

单相关：只反映一个自变量和一个因变量的相关关系（对自变量和因变量的定义见 2.2.3 小节）。

复相关：反映两个及两个以上的自变量同一个因变量的相关关系。

偏相关：当研究因变量与两个或多个自变量相关时，如果把其余的自变量看成不变（即当作常量），只研究因变量与其中一个自变量之间的相关关系，就称为偏相关。

2. 因果

因果关系（Causality）是指一个事件 A（即"因"）和另一个事件 B（即"果"）之间的直接作用关系，其中后一事件被认为是前一事件的结果，一般用 A→B 表示。与相关关系相比，因果关系是对问题更本质的认识。自然科学和社会科学研究的中心问题是事物之间的因果关系。

因果关系必定是相关关系，而相关关系不一定是因果关系。两个变量 A 和 B 具有相关性，其原因可能有很多种，并非 A→B 或 B→A 的因果关系。一种导致相关性的常见情况可能是 A 和 B 都是由同样的原因 C（隐含变量）造成的：C→A 并且 C→B，那么 A 和 B 也会表现出明显的相关性，但并不能说 A→B 或者 B→A。因此，相关关系可以提供可能性并用于推测因果关系，但仅凭相关关系不能完全证明因果关系。

比如有统计表明，软件项目开发费用越多，过程中的缺陷数量也越多。也就是开发费用和缺陷数量之间呈正相关性，可以由此得出经费充裕导致缺陷吗？显然这两个事件很可能都是项目规模所导致的，它们之间没有因果关系。相反，开发经费充裕还有助于加强验证并降低缺陷数量。

从这个例子可以明显看出，只依据统计数据是不足以得出因果关系的。两个相关变量之间可能存在没有直接因果关系的情况，它们之间的相关性可能是由于巧合，也可能是由一个共同原因导致的。这种情况也称为"伪相关"。想要得出因果性，必须从理论上证明两个变量之间确实有因果性，并且要排除掉第三个隐含变量同时导致这两个变量变化的可能性。近年来多部因果科学方面的著作问世，如江生等翻译的《为什么：关于因果关系的新科学》对因果关系进行了深入分析[10]。

在调试中常见的误区有：

1）认为同时发生的两个事件之间有因果关系，其实是两个事件都受共同原因影响。如某测试员发现，当处理器工作电流增加时，其极限工作频率就会降低。这两个事件有很强的相关性，但并无因果关系。处理器电流增加和极限工作频率降低可能都是第三个因素导致的，如处理器工作温度升高。

2）因为 B 事件紧跟在 A 事件之后发生，所以 B 事件被视为 A 事件的必然结果。其实这是多个事件之间存在间接的因果关系。如某测试员发现，某处理器系统工作一段时间后（A 事件）总是出现运行死机情况（B 事件），则认为处理器稳定性差，不能长时间可靠工作。后查明原因是没有安装散热装置，处理器工作一段时间后，内部温度升高，所消耗的电流增加，系统供电能力不足，导致处理器工作不稳定。温度升高、电流增加、供电不足实际上是这种相关性的多个中介。

3）将双向因果关系视作单因果关系。因果关系不一定是单向的，多个因素之间可能互为因果关系。如芯片工作时其功耗和温度的关系，通过发热这个中间变量实现了双向的因果关系。

4）根本不相关的两个变量因为巧合被认为有相关关系。如某测试中大家曾以为一号工作台存在缺陷导致测试芯片的成品率不高。后来发现把一号工作台测试过的芯片放到二号台上复测，发现成品率也不高。成品率差别只不过是那一批芯片的随机差异造成的。运用统计手段，可以大概率辨别出哪些是偶然出现的相关情况，哪些是真实的相关变量。

5）根据经验想当然地归因，但经验是有适用范围和使用条件的。调试经验经常会让调试过程更高效，但有时也会误导探索方向。例如某一批盲封的测试芯片共有 10 只，但连续测试了 2 只都有故障，那么是这一批芯片有问题？坚持测试完 10 只发现只是开头运气不好，其余 8 只都是正常的。

当变量间确实存在因果关系时，这些变量间的关系不仅经得起实证的检验计算，而且经得起逻辑上的推敲。获得相关性是获得因果关系的第一步。发现相关性较容易，而在调试中确立因果关系往往需要内在机理的支撑和大量的试验。在调试的大多数情境下，我们都期望通过发现相关关系进而获得其内在因果关系。

经以上梳理可以看出，相关关系和因果关系不能混淆。从相关现象直接递推因果关系的这种思考方式虽然有误，但在很多情况下却很有效。在调试中采用相关性进行预测和分析也往往是非常有效的方法，应对相关性的现象保持敏感性并给予更高关注，从而使用有限的资源去围绕相关可疑点进行更深一步的分析和试验，增大查清因果本质的可能性，最终查找出根本故障原因。

2.2.2 因果分析

根据研究对象之间的因果联系来分析推理的方法称为因果分析法。先引用一个互联网上的例子：美国华盛顿广场的杰斐逊纪念馆大厦年久失修，表面斑驳陈旧，政府非常担心，派专家调查原因。

▽ 为什么大厦表面斑驳陈旧？专家发现，冲洗墙壁所用的清洁剂对建筑物有腐蚀作用，该大厦墙壁每年被冲洗的次数远远多于其他建筑，腐蚀自然更加严重。

▽ 为什么经常清洗？因为大厦被大量的燕粪弄得很脏。

▽ 为什么会有那么多的燕粪？因为燕子喜欢聚集到这里。

▽ 为什么燕子喜欢聚集到这里？因为建筑物上有它喜欢吃的蜘蛛。

▽ 为什么会有蜘蛛？蜘蛛爱在这里安巢，是因为墙上有大量它爱吃的飞虫。

▽ 为什么墙上飞虫多？因为杰斐逊纪念馆的开灯时间比其他纪念馆早了整整 1 小时，吸引了大量飞蛾等昆虫。

解决方案有两个版本：一是把纪念馆开灯的时间尽量往后延一点；二是在傍晚于室内拉上窗帘，防止发出灯光。其他方法，如使用没有腐蚀性的清洁剂、捕杀燕子、用杀虫剂杀死蜘蛛和飞虫，都可视为有效措施。但是灯光是最根本的原因，延后开灯或拉上窗帘是有效、持续和低成本的改进措施。

通过这个思维链，可以清晰地看到专家调查原因的方法是：找到一个直接原因（经常清洗，清洁剂对建筑物有腐蚀作用），对这个直接原因继续发问"为什么"（经常清洗的原因是大厦被大量的燕粪弄得很脏），以此类推，直到找到最根本的原因。以上连续因果分析方法又称"五个为什么"（5why）分析法。

由果溯因的步步追问思维链总结为：面对结果，先推出一个直接原因；对这个直接原因继续发问"为什么"，以此类推，直到找到根本原因。这种方法的好处是容易操作、可由表及里实现深刻分析。

因果分析的常用工具是鱼骨图（Fishbone Analysis Method）。鱼骨图又名石川图，分为问题型、原因型及对策型等几类。由于问题的特性总是受到一些因素的影响，可通过头脑风暴等方法找出这些因素，并将它们按相互关联性整理在一张图中，具有层次分明、条理清楚的特点。鱼骨图最初是用来分析产生质量问题的原因，随后发展成一种发现问题"根本原因"的通用分析方法。

2.2.3　试验控制

试验控制是识别因果关系的核心方法。

1. 可逆试验过程：控制变量法

可逆试验过程是指试验后可以恢复到初始状态再次试验，即每次重复试验得到的结果是类似的或是相同规律的体现。反之，则是不可逆试验过程。

控制变量法是指当研究事物变化规律的多个因素（变量）之间的关系时，对影响规律的因素或条件加以人为控制，使其中的一些条件按照特定的要求发生变化或不发生变化，而其他因素不变。

单控制变量法又称单一变量原则，是指在条件允许情况下或创造条件集中控制其中一个因素的变化产生影响，排除其他因素的干扰，从而能验证唯一因素的作用。在试验中具体来说，如果有多个变化量，每次试验则仅改变其中一个变量，而保持其他的变量不变。比如说研究加速度与力和质量的关系，分两次试验，第一次保持力不变，研究加速度和质量的关系；第二次保持质量不变，研究加速度和力的关系，最后进行总结得出相应规律。

控制变量法是物理、化学、生物等学科中常用的科学研究方法之一，可以使研究的问题简单化。通过控制变量可以对影响试验结果的多个因素逐一进行探究，然后再总结出结论。这一思想在处理器调试中也能发挥重要作用，是有效分析查找故障问题的核心方法。

从影响关系角度，控制变量有以下相关概念：

1）自变量和因变量

如果两个变量有函数关系 $y = f(x)$，y 随 x 的变化而变化，则 x 为自变量，y 为因变量。自变量被看作是因变量的原因。自变量和因变量是主动和被动的关系：自变量用于引起、解释和预测因变量；因变量是被引起、被解释和被预测的。

2）独立变量和非独立变量

独立变量：如果一个变量改变不会引起除因变量以外的其他量的改变，则称这个变量为独立变量。

非独立变量：如果一个变量改变会引起除因变量以外的其他量的改变，则称这个变量为非独立变量。

3）内生变量和外生变量

内生变量：如果一个变量能够被系统中的其他变量所决定或者影响，则称这个变量为内生变量。

纯内生变量：如果这个变量可以被系统中的其他变量完全决定，则称这个变量为纯内生变量。纯内生变量其实是可以被完全替代掉的变量。

半内生变量：如果这个变量会被其他变量所影响，但也不会被完全替代掉，则称这个变量为半内生变量。

外生变量：外生变量与内生变量相反，外生变量不会被系统内部的其他变量所影响，其他变量的变化对外生变量也不会造成影响。外生变量可看作系统的外部输入参数。

2. 不可逆试验过程：随机对照试验方法

如果试验过程是不可逆的，即试验后无法恢复到初始状态再次试验时，则难以对同一个对象采用控制变量法。当试验对象（样本）数量较多时，可以采用随机对照试验（Randomized Controlled Trial，RCT）方法。随机对照试验的基本方法是将研究对象随机分组，对不同组实施不同的干预，以对照效果的不同。随机对照试验最初是医药行业中对某种疗法或药物的效果进行检测的手段，常用于医学、药学、护理学研究中，也在司法、教育、社会科学等其他领域所应用。

随机对照试验方法的基本设计原则是：1) 对研究对象进行随机化分组；2) 设置对照组；3) 双盲设计。其中随机化是重要方法。对于随机化最简单的理解就是使所有的试验对象，有相同的机会被分配到干预组（实施某种措施）或是对照组（未实施某种措施）。双盲设计使得研究者和受试者双方均无法知晓分组结果，保护了随机化不被破坏。随机对照试验是评价干预措施的公认标准。

在芯片调试和测试过程中，如老化、破坏性试验、极限试验等都是不可逆过程，可以使用随机对照试验方法，目的是在芯片的样本中研究总体的规律性。

2.3　调试思维过程

2.3.1　PDCA 循环

在解决调试问题的通用方法中，PDCA 循环法是一种有代表性的方法。PDCA 循环包含了从计划、执行到反馈的一般过程。具体来说包括以下四个

步骤:

1）P（Plan）：计划，确定方针和目标，确定活动计划。强调从问题的本质出发，需要明确或是反复追问：问题是什么，问题到底是什么，到底为什么，应该怎么办，以及对解决办法的检验和评价。也可用4W1H（When，What，Why，Where，How）方法全面地考虑问题。

2）D（Do）：执行，用行动实现计划中的内容。

3）C（Check）：检查，对照执行结果与计划的差异，复盘分析，找出差异原因。

4）A（Action）：行动，对检查的结果进行处理，成功的经验加以肯定并适当推广、标准化，失败的教训加以总结以免重现，未解决的问题放到下一个PDCA循环。

2.3.2　批判性思维

批判性思维是通过一定的标准来评价思维过程，进而改善思维[11]。批判性思维强调对思维过程进行深入的、反思式的思考。其既是一种思维技能，也是一种思维倾向。通俗来说，就是不全信，别盲从，找漏洞。批判性思维是解决复杂调试问题的利器之一。

在调试工作中应用批判性思维的核心过程，是从假设的观点到证实的结论的过程，具体可分为五个步骤，如图2.2所示。

1. 收集信息和现象，范围完整、组织有序
2. 分清其中的观点和事实，辩证地参考别人的观点
3. 重新组织事实，用逻辑思维梳理自己的观点，作出新假设
4. 围绕假设需要的论据，用更多的试验或调研补充事实
5. 证实或证伪假设，得到结论或循环迭代

图2.2　调试工作中的批判性思维步骤

1. 收集信息和现象，范围完整、组织有序

在实际调试过程中，收集充分、详实的信息和现象是工作的前提和基础，同时也是主要的成本开销。信息和现象的来源包括：

1）自己的试验结果：特别强调试验是否记录准确全面，试验结果可能受到哪些测量和观察的干扰，或是经过哪些分析得到的结果。

2）他人描述的现象过程或结论：获取他人结果属于沟通过程，如何在"低带宽信道"约束下获取足够准确的信息，其实是个技术含量很高的工作，水平高下立见。沟通的"信道"包括电话、微信、文档、报告、线上会议、线下会议、现场演示等。

3）本单位内部或外部的知识资产：包括各种文档、手册、规范、标准、测试报告、代码、脚本、检查列表等。

4）互联网信息：如各大技术论坛、各种文库等。

5）数据库：包括期刊会议、硕博论文的数据库等。

为高质量的信息付费是必要的。并且应该勤写日志，对信息和现象充分整理吸收。

2. 分清其中的观点和事实，辩证地参考别人的观点

区分什么是事实，什么是观点，这是批判性思维的基础。

1）事实是可以反复证明的东西。关键词有："现象、数值、次数、分布规律、时间、日期、频率、比例、概率、事件"等。

2）观点是一个人的感受或者想法。关键词有："我觉得、我想、我相信、老是、很、总、全都、一直、最差"等。

在面对扑朔迷离的复杂问题的调试过程中，即便是事实，也需要复核是否真实、充分和可信。相比事实，凭记忆和印象，充满主观性的观点就更是需要被证实的。

列举一些工程中观点和事实的例子：

1）王师傅的焊接水平很高啊 vs 公司有 8 位工程师说王师傅的焊接水平很高。

2）这块电路板老是工作不稳定 vs 这块电路板昨天在高温 60 ℃时，测试 8 次中有 3 次出现偶发串口输出错误。

3）他那个算法效率高多了 vs 他的 v1.8 算法在 X 处理器平台中，用 Y 测试数据集，执行效率比之前平均高了 82％。

3．重新组织事实，用逻辑思维梳理自己的观点，作出新假设

在收集、罗列信息，分清其中的观点和事实，用逻辑方法重新组织梳理信息之后，可能会发现若干新线索，值得进一步追踪下去；可能会觉得之前的观点靠不住，需要重新证实；可能汇集齐了问题较为完整的拼图，产生令人兴奋的想法；也可能面对支离破碎甚至是矛盾的信息，还是山重水复的状态，有着一大堆疑点。以上这些线索、观点、想法和疑点，都是新假设，都是推进调试进展、逐渐拨云见日的关键所在。

梳理事实和观点时，既要罗列在纸上或用思维导图等有条理地清晰描述，也应该把这些内容印在脑子里冥思苦想，依靠大脑的神经网络迸发灵感。

4．围绕假设需要的论据，用更多的试验或调研补充事实

作出新假设后需要用因果关系证实或证伪，依靠逻辑思维、专业知识和工程经验，分析和判断所需的支撑论据，继而组织新的试验或同专家、相关人员调研等方式补充事实。

5．证实或证伪假设，得到结论或循环迭代

经过一番紧张艰苦的工作后，如果充分证实了新假设，皆大欢喜，结束调试过程；如果否定了这些新假设，则需重新寻找新假设；也可能是仅给出了可能性不大的结论，需要更多假设或其他方面假设的支撑。后两种情况都需再次进行以上五个步骤分析试验，循环迭代。

2.4 调试分解方法

2.4.1 问题分解

分而治之是应对复杂问题的常用方法，而 MECE 法则是分解问题的有效原则。MECE 法则全称是 Mutually Exclusive，Collectively Exhaustive，是麦肯锡思维过程的一条基本准则，含义是"相互独立，完全穷尽"[12]。其旨在将某个整体划分为不同的部分时，必须保证划分后的各部分既不重叠也无遗漏。具体可分为以下四个步骤：

1）确定范围。明确当前要解决的问题到底是什么，想要达到的目标是什

么。这个范围决定了问题的边界，"完全穷尽"也是指在给定边界范围内的穷尽。

2）寻找符合 MECE 法则的划分标准。划分标准是指准备依据哪些分类方法来划分问题对象。划分标准可以有很多种，在设定划分标准的时候，一定要与目标相配合：希望分类后解决什么问题，得出什么结论。

3）找出大的分类后考虑是否可以用 MECE 法则继续细分。从目标的角度，根据要素进一步细分，最终得出有效结果。

4）确认有没有遗漏或重复。分类完成之后应重新检视，是否有明显的遗漏或重复。

寻找符合 MECE 法则的划分标准是以上步骤中的关键。工程中的划分标准有很多，通用且常见的是依照空间结构和时间流程来设置，或是按照问题对象的各种属性来设置。

空间结构是指问题对象的组成部分，以及组成部分的连接关系。根据要处理的范围，这种空间结构很可能是层次化的。例如对芯片来说，空间结构一般包括管壳、焊球、基板、管芯（Die）、凸点（Bump）或引线键合（Wire Bonding）等。对其中的管芯来说，从物理设计的视角，空间结构可以包括晶体管、处理器内核、存储器、IP 核、I/O 单元（PAD）、金属线、管脚等；从逻辑设计的视角，处理器内核的空间结构可以包括流水线、计算单元、存储器、总线、外设单元等。

时间流程是指问题对象随时间变化的状态，包括生产流程、操作流程、使用流程等。对芯片研制生产来说，可以大致分为：逻辑设计、物理设计、验证、生产流片、封装、硅后测试、筛选测试、装焊使用等。在分类中时间流程也常与空间结构结合使用。

问题对象的属性则包罗万象，比如颜色、大小、年龄、新旧、重要性、是非等。还有很多根据工程经验总结出来的分类方法，如质量管理理论中的"人机料法环"（操作人员、机器设备、原材料、操作方法、环境）、军工六性（稳定性、适应性、安全性、保障性、维修性和测试性）等。

2.4.2　逻辑树

逻辑树又称为问题树、演绎树或分解树，是一种以树状图形来分析存在问题及其相关关系的方法，它能通过某种分类和分层的组织方式，将看似无序、杂乱的已知问题，整理为便于分析和预测的树状模型。

逻辑树的具体方法是，将问题的所有子问题分层罗列，拆分成如树状的主干和多条分支，从最高层开始，并逐步向下扩展。将不同的分支问题再拆解成一个个子问题，通过解决子问题，从而一步步推演到问题最开始的地方。当前流行的思维导图就是绘制逻辑树的高效工具。逻辑树的方法可以看成是将 MECE 法则应用于对象问题，并不断深入分析，在树状图上用层次化的方式将对象完整表示出来。

逻辑树主要作用包括：

1）帮助理清思路，对问题分解和分类，避免重复或无关的思考；

2）保证解决问题过程的完整性；

3）帮助将工作细分为一些利于操作的部分，或明确责任落实到个体；

4）确定各部分的优先顺序等。

2.4.3 故障树

1. 定义

故障树（Fault Tree，FT）是一种专门用于分析故障原因的逻辑树。故障树用以表示哪些因素将导致产品发生一种给定故障，这些因素包括：产品组成部分的故障、外界事件或它们的组合等。故障树用逻辑因果关系图来描述，构图的元素是事件和逻辑门。在故障树分析中，对于所研究系统的各类故障状态或不正常工作情况统称为故障事件，与故障事件对应的是成功事件，两者均称为事件。事件用来描述系统和元件、部件的故障状态。逻辑门把事件联系起来，表示事件之间的逻辑关系。

故障树从需要分析的顶事件开始，逐步向下追查导致故障发生的原因，直到最底层的基本事件（底事件）。因为整个结构形似树状，所以称为故障树。故障树是一种从上至下的逻辑树。相比逻辑树，故障树最主要的特点是将各种可能的故障原因作为叶节点，它可以逐级分层，从大到小，从粗到细，寻根究底，直至确定故障原因。故障树分析主要用于工程或社会领域，用来分析系统失效的原因，寻找措施来降低风险。生活中的很多问题也可以用故障树来分析。

2. 故障树分析法

故障树分析法（Fault Tree Analysis，FTA）是指在系统设计或改进过程中，画出故障树逻辑框图，通过对可能造成系统故障的各种因素（包括硬件、软件、环境、人为因素等）进行分析，从而确定系统故障原因的各种可能组合方式及其发生概率，并以此计算系统的故障概率，采取相应的措施，以提高系统可靠性的一种设计分析方法和评估方法。故障树分析直观明了、思路清晰、逻辑性强，在系统可靠性分析、安全性分析和风险评价中具有重要作用和地位。它既可用于定性分析又可用于定量分析，是质量工作的常用方法之一。前面介绍的 5why 分析法也可以归为故障树分析法的一种特例：5why 分析法是在一个五层的故障树中，以每层最大概率的分支组成一个因果链路径。

3. 故障树分析的作用

故障树在平时可以帮助发现可靠性和安全性薄弱环节，采取改进措施，以提高产品可靠性和安全性；可以帮助判明可能发生的故障模式和原因，计算故障发生概率。发生重大故障或事故后作为故障调查的一种有效手段，用故障树可以系统而全面地分析事故原因，为故障归零提供支持，指导故障诊断、改进使用和维修方案等。

4. 故障树分析的优势

1）故障树是故障事件在一定条件下的逻辑推理方法，针对某一故障事件，自上而下做层层追踪分析；

2）故障树是一种图形演绎方法，直观明了，清楚易懂，使人们对所描述的事件之间的逻辑关系一目了然，而且便于对各种事件之间复杂的逻辑关系进行深入的定性和定量分析；

3）故障树能将系统故障的各种可能因素联系起来，可有效找出系统薄弱环节和系统的故障谱，在系统设计阶段有助于判明系统的隐患和潜在故障，以便提高系统的可靠性；

4）故障树可作为管理和维修人员的一个形象的管理、维修指南，可用来制订维修计划和检修排放方案；

5）故障树分析可得出各基本事件的结构重要度系数，能进一步得到各基本事件对顶上事件影响重要程度的相对大小，由此可以找出系统的最薄弱环节，从而确定相应安全措施的优先顺序，实现科学、合理、有效的控制。

5. 故障树分析的过程

1）选择合理的顶事件，系统分析边界和定义范围，并且确定成功与失败的准则。

2）资料收集准备。围绕所需要分析的事件进行工艺、系统、相关数据等资料的收集。

3）构建故障树。通过对已收集资料的整理，在与设计、操作和管理等相关人员的讨论和帮助下，完成故障树。

4）对故障树进行简化或者模块化。

5）定性分析。求出故障树的全部最小割集，进行风险分析。

6）定量分析。包括计算顶事件发生概率即系统的点无效度和区间无效度，或进行重要度分析和灵敏度分析等。

6. 构建故障树的方法和要点

1）明确建树边界条件。建树前应对分析作出合理的假设，如导线不会出现故障、暂不考虑人为故障、软件容易产生故障等。可在失效模式与影响分析（Failure Mode and Effects Analysis，FMEA）的基础上，将那些不重要的因素舍去，从而减小树的规模及突出重点。

2）故障事件要严格定义。复杂系统的故障树分析工作如果由多人共同完成，则需统一定义，否则将会建出不一致的故障树。

3）应从上向下逐级建树。常用的建树方法为演绎法，从顶事件开始，由上而下，逐级进行分析，这样可防止建树时发生事件的遗漏。具体包括：分析顶事件发生的直接原因，将顶事件作为逻辑门的输出事件，将所有引起顶事件发生的直接原因作为输入事件，根据它们之间的逻辑关系用适当的逻辑门连接起来；对每一个中间事件用同样方法，逐级向下分析，直到所有的输入事件都不需要继续分析为止，此时故障机理或概率分布应该是相对成熟和确定的。

4）构建规范化故障树。规范化故障树是最常用的故障树，是指仅含有"顶事件、中间事件、未展开事件、基本事件"四类事件，以及"与门、或门、非门"三种逻辑门的故障树，如表 2.1 所示。

表 2.1 规范化故障树使用的事件和逻辑门

分类	名称	符号	说明
事件	顶事件		顶事件是要分析的特定事故、故障或结果事件，一般用矩形表示。通常是一个暴露出来的现象，显著影响了系统功能、性能、经济性、可靠性和安全性等
	中间事件		中间事件是故障树中除顶事件、未展开事件和基本事件之外的所有事件，一般也用矩形表示
	未展开事件		表示某些未展开或不需要进行下一步分析的故障事件，一般用菱形表示
	基本事件		基本事件又称为底事件，是故障的基本原因或不再继续深入分析的部件原因，一般用圆形表示。应是已知的或是试验结果直接证实的
逻辑门	与门		只有所有输入事件同时发生时，输出事件才必然发生，这种逻辑关系称为事件交，用逻辑符号"与门"描述。设 B_i（$i = 1, 2, \cdots, n$）为门的输入事件，A 为门的输出事件，其逻辑表达式为：$$A = B_1 \cap B_2 \cap B_3 \cap \cdots \cap B_n$$
	或门		当输入事件中至少有一个发生时，输出事件就会发生，称为事件并，用逻辑符号"或门"描述。设 B_i（$i = 1, 2, \cdots, n$）为门的输入事件，A 为门的输出事件，其逻辑表达式为：$$A = B_1 \cup B_2 \cup B_3 \cup \cdots \cup B_n$$
	非门		当输入事件发生时，输出事件必然不会发生，称为事件非，用逻辑符号"非门"描述。设 B 为门的输入事件，A 为门的输出事件，其逻辑表达式为：$$A = \bar{B}$$

　　如在一个由电源、开关和 LED 灯组成的简单电路系统中，出现了灯不亮的故障现象，如图 2.3（a）所示。可能对应的故障原因可以从机理和结构上进行分析分解，包括线路上无电流、灯故障、灯安装故障等几方面原因，每个方面的原因又有更细节的原因。如此逐层分解，直到分析到不能再分解的故障基本事件，于是完成了一个规范化故障树的搭建，如图 2.3（b）所示。

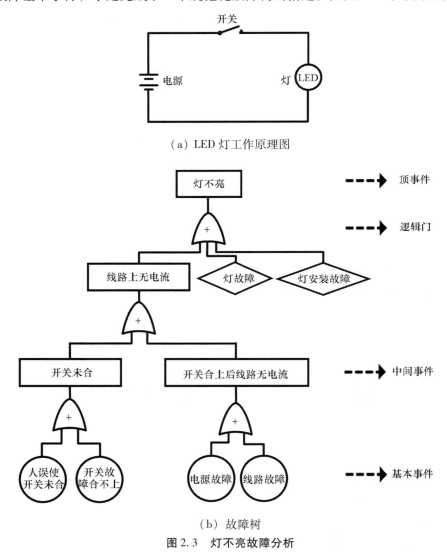

（a）LED 灯工作原理图

（b）故障树

图 2.3　灯不亮故障分析

2.4.4　概率故障树

在故障树的基础上，为每个故障分支赋予对应可能性的概率，就得到概率故障树。概率故障树中各个分支的具体概率值不易确定，也可依据经验来定性分析。当故障发生频繁，有足够多历史数据供分析时，各分支故障概率值可根据数据统计结果计算。

对调试过程来说，如果能确定故障概率大小，则基于概率故障树的理想搜索策略如下：

1）画全故障树；

2）根据历史数据、理论分析和经验（微体验），估算各分支出现的概率；

3）依据概率（也要考虑实施难度）排序分支优先级；

4）按分支优先顺序，搜索遍历各个分支，依次排除或确定各故障可能性。

2.5　调试之上——质量问题归零

在重大产品研制或生产过程中出了故障，如何更系统和规范地处理？在航天和军工领域的"行规"是归零。归零是一种从实践中总结的具有中国航天特色的解决质量问题的方法。在已经通过测试验证的产品中出现故障，一般都归为质量问题。从调试角度看，故障是调试的对象，当决定对该质量问题归零时，以排除故障为目标的调试就成为归零过程中的重要环节。而归零的各项措施，则是将故障教训的效果最大化，并且对调试结果的确认（机理清晰、问题复现）和经验积累应用（举一反三）都进行高效的方法流程指导。

在质量管理方面，中国航天一直是中国质量管理工作的"试验田"，中国航天也一直是中国质量管理工作中最早的探索者和实践者。从 ISO 9000 体系到产品质量保证、"零缺陷"管理等都是从航天领域开始的，尤其是"双五条"质量问题归零，在我国航天事业的再腾飞阶段发挥了无法估量的作用。进入 21 世纪以来，中国的嫦娥探月、载人航天、北斗导航，包括近期的火星探测，相继取得成功，尤其是载人航天工程，对系统可靠性有着极其苛刻的要求，工程立项报告中提出："载人航天工程是中国航天史上规模最大、技术最复杂、安全性和可靠性要求最高的跨世纪重点工程"，这三个"最"充分说明了载人航天面临的巨大困难和挑战。中国航天作为中国高科技水平的代表，在这一腾飞的过程中，全面贯彻质量管理，尤其是中国载人航天的圆满成功，无疑将质量问题"双归零"管理标准带入了一个新的高度。2015 年 11 月，国际 ISO 标准化组织颁布了 ISO 18238 标准，标准的名称为 "Space systems—Closed loop problem solving management"，即 "航天质量问题归零管理"。ISO 18238标准的发布是我国首次将具有中国特色的航天管理最佳实践推向国际，是我国向国际输出质量成功经验的重要成果，彰显了中国航天的软实力[13]。

质量问题归零是指对设计、生产、试验、服务中出现的故障、事故、缺陷和不合格等质量问题，从技术上、管理上运用适当方法，分析问题的原因、机理，采取纠正和预防措施来解决它们，同时通过开展举一反三避免问题重复发生，以从根本上消除问题的闭环管理活动。

归零通常分为技术归零和管理归零两种。技术归零是从技术上找问题，明确机理，解决问题并举一反三。管理归零是查找问题在管理方面的薄弱环节，分清责任，完善规章。归零步骤如图 2.4 所示。

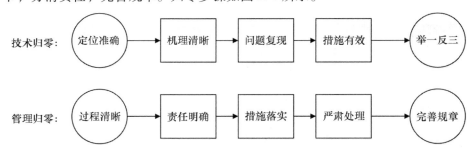

图 2.4　归零步骤示意图

1）在技术归零中：

定位准确是前提——确定解决问题的对象，首先找到问题发生的环节、部件；

机理清晰是关键——找到问题发生的根本原因和演进过程；

问题复现是手段——通过试验验证方法，复现质量问题发生的现象，验证定位和机理的准确与正确性；

措施有效是核心——采取纠正措施，确保质量问题得到解决；

举一反三是延伸——反馈给其他相关单位或设备，使存在相同原理的产品或部件能避免同类问题发生。

2）在管理归零中：

过程清晰是基础——找出管理上的薄弱环节或漏洞；

责任明确是前提——分清造成质量问题的责任单位和责任人，分清责任的主次和大小；

措施落实是核心——落实有效的纠正和预防措施；

严肃处理是手段——对问题责任人按规定给予严肃处理；

完善规章是结果——固化到相关的规章制度和作业指导书等，避免发生类似错误。

以往很多质量管理都是提要求或标准，但没有提供解决质量问题的具体路径和方法，这样使得组织无法区分技术问题和管理缺陷的差异，更没有强调对问题机理和技术、管理过程"吃透"。归零提供了解决质量问题的路径和方法，质量问题归零"双五条"以问题为导向和切入点，严格遵循 PDCA 循环理论，为问题发生后如何行动提供了思维模式和行动指南。

归零是最大限度地将一次故障教训转化为技术提升和制度流程优化的过程。

第3章 处理器调试技术深入分析

为了进一步阐述处理器调试的内在规律和本质，本章从分析处理器调试技术和工具入手，提出了处理器调试模型和调试方法学，并进一步分析了调试原理中的因果关系。同时，为了解决其他技术领域的调试问题，提出了通用调试模型和通用故障定位方法。

3.1 技术工具分析

嵌入式系统具有高度集成化和高实时性要求等特点，各种调试技术和工具能提供的可观测性和可控制性不同，由此带来的调试优劣效果也各不相同。对可观测性和可控制性的分析见 3.2 小节。

1）软件模拟器（Simulator）：运行在调试主机中的一套软件，它模拟了目标处理器的指令集和流水线等硬件结构，可以运行目标处理器编译生成的二进制软件代码[14]。软件模拟器不依赖真实处理器，是易于使用的低成本调试工具，并且其模拟速度正逐渐获得改善。但嵌入式系统的接口越来越复杂，有多种类型 I/O 数据持续频繁交换，以致难以用软件对真实环境精确建模。由于是在调试主机中模拟运行，软件模拟器可以对处理器核的时空状态集提供全部的可观测性和可控制性，但软件模拟器毕竟不是真实处理器，而是力图精确地对真实处理器进行建模，其模拟的处理器行为必然会与真实处理器存在差异。

2）逻辑分析仪（Logic Analyzer）：代表了一类片外测控仪器。示波器、信号源、协议分析仪等都是对芯片接口状态进行测量或控制的独立仪器。逻辑分析仪通过探头连续或间歇地采集管脚信号的电平或波形，通过线缆传输到测试主机中显示和分析。采用逻辑分析仪进行测试不会影响程序运行，但随着 SoC 芯片的集成度越来越高，很多处理器使用片内 Cache 或片内随机存取存储器（Random Access Memory，RAM），使得大量数据在片内产生并处理而在片外难以被测量。处理器接口速率的提升和高密度的 IC 封装也增加了片外测试的难度[15]。逻辑分析仪是只读的状态采集仪器，不能提供对处理器状态的可控制性，对处理器状态的可观测性也仅限于外部管脚状态，而且受限于其存储深度，一般只能做到间歇或触发观测和记录。

3）软件代码插桩（Instrumentation）：可以记录运行中的程序信息，方便对指定程序变量进行观测记录，也可以对部分变量进行控制，具有较好的可观测和可控制能力。但其必须占用嵌入式处理器系统的运行周期和存储空间等宝贵资源，因存储空间受限，其只能做到部分状态的记录。同时，添加代码是影响程序行为的入侵式方法，记录的信息越多对程序行为影响越大[16]。这些都是有一定实时要求的嵌入式系统难以接受的。

4）断点/单步（Break Point/Single Step）：是基本的处理器片内调试方式。它们通过专用硬件控制流水线按指定方式暂停（Halt），在流水线暂停期间，程序员可以通过集成开发环境观察和控制处理器中几乎全部的寄存器和存储器。但它们会影响实时系统的行为，也难以观察多处理器系统中的并发行为。如在机电控制系统中，不适当的断点设置会导致系统突然停止运行，容易造成其机械部分损毁或失去控制。

5）片上追踪（On-Chip Trace）：通过专用硬件非入侵地实时记录程序执行路径和数据读写等信息，将其压缩成 trace 消息后经专用数据通路、输出端口和仿真器传输至调试主机[17]。调试主机中的开发工具解压缩 trace 消息，复现程序运行信息以供调试和性能分析。片上追踪调试可以提供对部分存储元件的实时可观测能力，缺点是需要在处理器内部设计专门电路，增加了芯片面积和功耗。

从可信度、可观测性、可控制性、软件修改影响、实时性影响和片上硬件耗费几个方面，对以上主流调试技术进行了分析和比较，各自特点的比较由表 3.1 给出，分类关系由图 3.1 给出。

表 3.1　主要调试方法的特点比较

调试方法	可信度	可观测性	可控制性	入侵性： 软件修改影响	入侵性： 实时性影响	片上硬 件耗费
软件模拟器	中	全部	全部	小	无	无
片外测控仪器	高	仅管脚信号	无	无	无	无
软件代码插桩	较高	中	少部分	大	中	无
断点/单步	较高	较全	较全	无	大	中
片上追踪	高	中	无	无	无	高

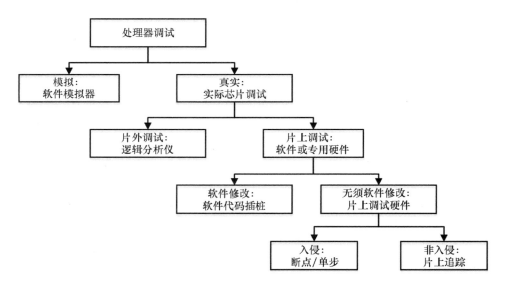

图 3.1　主要调试方法的分类关系

3.2　模型分析

　　为解决复杂的调试问题，关键是需要调试工具对处理器的内部运行状态提供可观测性支持和可控制性支持[18-19]。可观测性和可控制性的概念起源于自动控制理论。数字电路的可观测性和可控制性被定义为观测和设置特定逻辑信号的难度，是集成电路测试领域的基础概念[20-21]，但调试中的可观测性和可控制性还少有研究。本书基于存储元件的状态集合给出了嵌入式处理器的调试模型，阐述了调试所需的可观测性和可控制性的基本含义和必要性。

3.2.1　处理器系统模型

当前大部分嵌入式处理器采用同步电路实现，为简化分析，本书对调试模型的讨论限于单一时钟下工作的同步处理器，并假设没有输入信号经组合逻辑直接引向输出管脚①。因此可以采用同步时序逻辑的 Moore 电路模型来描述同步处理器系统。

同步时序逻辑电路的一般结构模型如图 3.2 所示[22]，u_1，…，u_n 为外部输入变量，y_1，…，y_m 为外部输出变量，q_1^+，…，q_r^+ 为内部存储元件的输入变量，q_1，…，q_r 为内部存储元件的输出变量，存储元件中的逻辑值定义为电路的状态。Moore 电路模型的输出函数和次态函数表达式分别为：

$$y_i = f_i(q_1, \cdots, q_r) \quad i = 1, \cdots, m \tag{3.1}$$

$$q_j^+ = g_j(u_1, \cdots, u_n, q_1, \cdots, q_r) \quad j = 1, \cdots, r \tag{3.2}$$

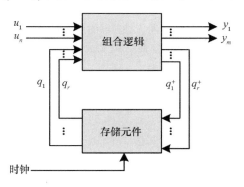

图 3.2　同步时序逻辑电路的一般结构模型

处理器系统中的存储元件②包括 RAM 存储器、寄存器和锁存器，其存储

---

①　这种假设对大部分处理器来说是成立的，并且便于采用 Moore 模型进行讨论。实际上，采用 Mealy 模型也并不会影响讨论结果[22]。

②　仅由处理器访问的片外存储芯片应当视为该处理器的一部分。因为若非成本和工艺的限制，此类存储芯片可以完全集成在处理器芯片内部。

的逻辑值在时钟的控制下同步变化。因此在 Moore 电路模型基础上，容易得到同步处理器的系统模型，如图 3.3 所示。

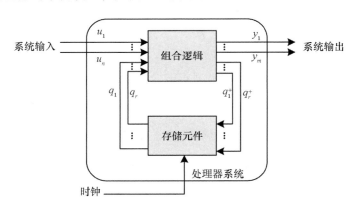

图 3.3　同步处理器的系统模型

忽略硬件故障等因素，考虑处于理想工作中的该系统模型。程序的反复执行具有时不变的确定性，即有完全相同的系统输入时，系统模型给出完全相同的系统输出。程序执行过程视为该模型在给定输入下的状态变换，输入引起系统状态的变化，系统状态决定输出的变化。与主要研究状态转换关系的同步时序逻辑模型不同，面向调试的该系统模型侧重于分析状态变化的时间过程。出于解释调试现象的目的，对处理器的系统模型给出如下定义。

t：系统时间，以处理器时钟周期为单位。

t_0：系统的时间起始点，即处理器复位后开始执行程序的时间点。

t_{end}：处理器观察的时间终止点，因此有 $t \in [t_0, t_{end}]$。

r：处理器系统的存储元件总数。

n：处理器系统的有效输入信号总数①。

---

① 处理器系统的双向管脚分别作为输入管脚和输出管脚使用，因此同时计入有效的输入信号和输出信号。

m：处理器系统的有效输出信号总数。

定义 3.1　位变量 q_i：将处理器中的第 i 个存储元件抽象为系统的位变量 q_i。用 $q(i,t)$ 指代 t 时刻的 q_i。将 $q(i,t)$ 中存储的逻辑值称为位变量的状态，简称位状态 q_{it}。q_{it_0} 是 q_i 的初始状态，即 $q(i,t_0)$ 中存储的逻辑值。

定义 3.2　系统变量 Q：处理器的系统变量是系统中所有 q_i 的集合，即 $Q = \{q_1, q_2, \cdots, q_r\}$。$Q(t)$ 指代 t 时刻的系统变量。$Q(t)$ 中存储的逻辑值称为系统变量的状态，简称系统状态 Q_t。系统初始状态 Q_{t_0} 是 Q 的初始值，包括处理器系统中的程序代码和初始数据以及复位后寄存器等元件的初始值。

定义 3.3　时空变量集 TQ：处理器的时空变量集是 $Q(t)$ 的时间域集合，即 $TQ = \{Q(t_0), Q(t_1), \cdots, Q(t_{end})\}$。当用位变量直接表示时，$TQ$ 中共有 $r \times (t_{end} - t_0 + 1)$ 个元素，即 $TQ = \{q(1,t_0), q(2,t_0), \cdots, q(r,t_0), q(1,t_1), q(2, t_1), \cdots, q(r-1,t_{end}), q(r,t_{end})\}$。$TQ$ 中存储的逻辑值称为时空状态集 STQ。

定义 3.4　输入集 U_t：t 时刻外部环境在输入管脚 i 上加载的逻辑值为 u_{it}，则 $U_t = \{u_{1t}, u_{2t}, \cdots, u_{nt}\}$。时空输入集 TU 是 U_t 的时间域集合，即 $TU = \{U_{t_0}, U_{t_1}, \cdots, U_{t_{end}}\}$。

定义 3.5　输出集 Y_t：t 时刻在输出管脚 j 上出现的逻辑值为 y_{jt}，则 $Y_t = \{y_{1t}, y_{2t}, \cdots, y_{mt}\}$。时空输出集 TY 是 Y_t 的时间域集合，即 $TY = \{Y_{t_0}, Y_{t_1}, \cdots, Y_{t_{end}}\}$。

处理器系统的输出函数 $F(Q)$ 和次态函数 $G(Q,U)$ 由处理器的逻辑电路唯一确定。其中 $Y_t = F(Q_t)$，$Q_{t+1} = G(Q_t, U_t)$，$t \in [t_0, t_{end}]$。因此 STQ 可以完全表征处理器系统的时间域行为：只要给定初始值 Q_{t_0}，以及输入集 U_t 在 $t \geq t_0$ 的各瞬时值，则系统中任何一个 q_i 在 $t > t_0$ 时的变化行为就可完全确定。或者说，给定 Q_{t_0} 和 TU，即得到唯一确定的 STQ。

根据以上定义，可知处理器系统模型具有如下特点：

1）位变量的数量庞大：如配备 8 Mbit 存储器就使位变量超过八百万个。

2）系统状态的数量庞大：例如当处理器在 1 GHz 主频运行时，每秒产生的系统状态达十亿次。

3）输入集和输出集很小：由于芯片的封装限制，输入和输出管脚一般为数个至数千个，并且由于芯片规模的扩大，输入集和输出集的元素个数与位变量个数的比例越来越小。

3.2.2 处理器调试模型

时空状态集可由时空状态图表示，如图 3.4 所示。图中横轴为时间轴，系统状态由垂直于时间轴的时间帧表示，时空状态集即时间帧的集合。时空状态图有直观的物理含义：每个时钟周期记录处理器硅平面上的所有存储元件的逻辑值快照，将各张快照沿时间轴依次排列即得到时空状态图。

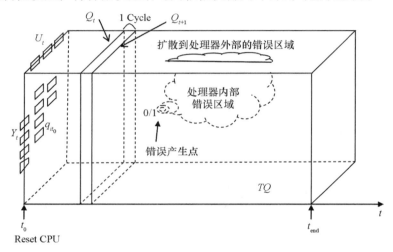

图 3.4 时空状态图

处理器中的存储元件和程序执行的起止时间确定了时空变量集。一次具体的程序执行赋予了时空变量集具体的存储内容，该存储内容即是时空状态集。每个时空状态集都是对处理器系统运行过程的一次完整记录。

定义实际时空状态集 STQ_P 是处理器真实执行程序产生的时空状态集，即由系统次态函数、系统初始状态和时空输入集唯一确定的时空状态集。定义预期时空状态集 STQ_E 是调试者预期可以正确完成系统功能的时空状态集，即调试者根据系统初始状态对时空状态集存储的逻辑值作出的预期判断。虽然可能存在多个正确完成系统功能的时空状态集，但在某次具体的调试过程中，调试者对当前软件版本运行结果的预期仍然是唯一的或可知的。

软件调试中的故障一般是代码中存在不正确语句的现象，错误是故障代码使系统产生了与预期偏离的非正常的行为或状态。一般来说，在通过软件调试来查找问题的过程中，调试者往往不能通过阅读代码直接发现故障，只有当故障产生了错误后才容易从不正常的系统行为中查找原因。因此可以认为在错误产生的时间点以前，尽管代码中存在故障，但调试者的预期时空状态集与实际时空状态集仍然是一致的，只有在错误发生后才会产生预期与实际的差异。因此从处理器模型出发，本书给出如下定义：

定义 3.6　错误：实际时空状态集与预期时空状态集出现不一致的现象。

定义 3.7　错误区域 BR：由错误造成实际时空状态集与预期时空状态集不一致的时空区域。该区域用 $q(i,t)$ 的集合表示，即 $BR \subseteq TQ$。

定义 3.8　错误产生点 BBP：实际时空状态集与预期时空状态集在时间上首次出现不一致的时空位置，即 BR 中具有最小 t 的 $q(i,t)$ 集合。

错误从错误产生点开始扩散，可能会影响大部分系统状态，如程序崩溃；也可能自动消失，如不影响程序执行路径的数值计算错误。

定义 3.9　软件调试：通过调整系统初始状态 Q_{t_0}，使实际时空状态集与预期时空状态集趋于一致的过程与手段。

如果没有调试工具的支持，软件调试只能采取类似黑盒测试的方法，即通过反复调整系统初始状态（程序代码），并设置不同的时空输入集（测试数据）作为激励，观测时空输出集作为调整依据，直到实际时空状态集满足预期要求。

但从上文对处理器系统模型特点的分析可知，从系统输入调整内部工作状态和从系统输出判断内部工作状态，均需要调试工具的有力支持：

1）尽可能多地观测系统内部的状态变化（读取位变量），以获得详细的程序执行结果；

2）尽可能多地控制系统状态（设置位变量），以灵活地试验各种程序代码和不同输入数据下的实际运行结果，而无须从 t_0 时刻重复运行。

为了量化调试工具对系统状态可观可控的能力，定义调试中的观测集和控制集的概念：

定义 3.10　观测集 TV：若调试工具读取的时空变量子集为 TQ'，读取的时空输入子集为 TU'，读取的时空输出子集为 TY'，则观测集 $TV = TQ' \cup TU' \cup TY'$。其中 $TQ' \subseteq TQ$，$TU' \subseteq TU$，$TY' \subseteq TY$。

定义 3.11　控制集 TC：若调试工具写入的时空变量子集为 TQ''，操纵的时空输入子集为 TU''，则控制集 $TC = TQ'' \cup TU''$。其中 $TQ'' \subseteq TQ$，$TU'' \subseteq TU$。

由此，可观测性和可控制性在调试中的具体含义可解释为：

1）可观测性描述了可获取的观测集的范围及其获取方式；

2）可控制性描述了可实现的控制集的范围及其实现方式。

对于调试过程来说，调试者通过调试工具设置观测集和控制集，依赖于观测集与错误区域产生交集从而发现错误存在，依赖于观测集与错误产生点产生交集从而查找故障原因。综合以上定义，可以得到一个描述性的调试模型，如图3.5所示。

- ❖ 调试对象：TQ
- ❖ 调试工具：提供 TV，TC
- ❖ 错误：$STQ_P \neq STQ_E$
- ❖ 调试目的：得到 Q_{t_0}，使得 $STQ_P = STQ_E$
- ❖ 调试过程与手段：
  - ① 通过多个 $\{TV \mid TV \cap BR \neq \emptyset\}$，直至搜索到 $\{TV \mid TV \cap BBP \neq \emptyset\}$
  - ② 调整 Q_{t_0} 或设置 TC，使得 $TV \cap STQ_P = TV \cap STQ_E$
  - ③ 重复②，直至 $STQ_P = STQ_E$

图 3.5　调试模型

在以上模型中清晰地分析了嵌入式处理器调试的内在需求和调试技术的实现机理，并赋予各调试概念直观的物理解释，可以进一步指导对调试方法的研究。

3.2.3　通用调试模型

将上节所述模型扩展到一般系统的通用调试模型。

故障调试或者调试排除故障的起点是发现系统的实际行为与预期行为不相符。调试的过程是不断调整系统结构、参数或输入等，持续判断二者是否相符。调试排故的结束标准是在指定范围内确认二者相符。

1. 预期行为

对系统的预期行为需要考察其真实性、准确性和全面性。

预期行为来源包括设计预期（理论）和经验预期（实践）。

1）设计预期：主要来源于第三方提供信息以及基于信息的推理（即设计），如手册、规范、标准等描述的参数、功能、定义等。特别注意设计资料的准确性和使用条件。

2）经验预期：来源于参考设计、以往经验以及对经验的统计归纳等。

2. 实际行为

对系统的实际行为也要重点考察其真实性、准确性和全面性。

实际行为来源主要是观测。观测是人类通过工具设备对客观世界状态的主观记录。在微观层面对电路系统观测的是电子运动，反映到宏观层面会产生时序波动、跨边界等各种现象，观测具有一定的随机性。同时，基于二进制门电路的数字电路系统运行又具有很强的鲁棒性和确定性。因此可以用概率统计方法分析观测结果，如测试方法的正确性和准确性，工具和设备的误差范围，数据结果的范围，以及样本数、偏差、一致性和置信区间等统计学指标。

观测是通过工具设备实现，并通过物理通道传输和存储，观测结果也可能是经由他人测试或多人转述。调试信息往往经过多重环节才到达最终调试者手中，可能存在变换、污染、扭曲，缺损，误解，以及各种迷惑性的附加结果。

观测是在特定外部环境中进行的，因此观测结果会随显式或隐式的、外在或内在的环境参数而变化。

3. 相符

调试过程关键操作是反复进行符合性判定：判定实际行为与预期行为是否相符。相符判定准则的核心是准确性、全面性和高效性。

1）准确性：如果对输出数值结果直接比对，一般是准确的。如果是将输出结果转化为模拟量（如图像或轨迹），则存在误差可能。

2）全面性：对系统各种行为应覆盖全面。完整的全面覆盖是对全部时空状态图进行比对，但在实际中不可实现，工程中往往是抽取关键变量或结果编码进行比对。

3）高效性：如何用更少量指标包含更多的相符判定信息，如对数据结果进行循环冗余校验（Cyclic Redundancy Check，CRC）或"求和"校验。

3.3 方法学分析

当调试对象是一个处理器系统时，调试排故问题符合性判定过程与处理器运行的时空状态图对应。如果将时空状态图中的周边外表面部分看作是可观测区域，而内部是不可观测的黑盒子，则反复测试的过程即是创建不同的时空状态图，让故障在时空状态图中产生"一道道扩散的容易识别是否相符的痕迹"，伸展到外表面的可观测区域。由此利用机理分析和逻辑推理方法，缩小故障范围直至定位故障。

基于通用处理器的计算机系统，由于其庞大的生态和复杂的操作系统支持，已有很多软件工具支持各种类型的调试。对于嵌入式处理器系统，更适合软硬件结合的调试方法。

处理器运行的时空状态图包含了表征处理器该次运行的几乎所有信息。但在实际调试中，由于其庞大的数据量，以及调试工具的入侵性和有限的可观测性，很难准确和完整获得。

在实际工程中对处理器软硬件的调试，大多是基于处理器软件和硬件的功能与结构来展开的。故障定位是处理器软硬件调试的核心。

结合 3.2 节所述的调试模型，故障定位是通过对系统组成模块的分解，由顶层不断深入细化，不断进行系统中各模块实际故障行为与预期正确行为的符合性判定过程。简化来说，未通过符合性判定的故障模块会有两类：一类是自身并无缺陷，但由于故障传播到自身而出现错误，称为故障传递模块或传递节点，此类模块是故障定位中要排除的对象；另一类是因自身存在缺陷而产生错误的模块，称为缺陷模块或缺陷节点，找到此类模块是故障定位的目的。此外，将设置观测点的模块称为观测模块或观测节点。

处理器故障定位的一般过程如图 3.6 所示：

1）将系统分解为模块及其结构关系（模块在结构关系图中统称为节点）；

2）判断相关故障在其中的传播路径；

3）设置观测点；

4）控制要素（输入条件）实施测试；

5）进行符合性判定；

6）对现有结构进行剪枝，缩小故障范围或在更细层次结构分解；

7）重复此过程，直至定位故障源头。

为了能够定位到最初产生缺陷的位置，在整个流程中可以使用一系列方法和工具，主要包括交并集合逻辑推理、集合搜索二分法、控变要素法、自相似方法、最小可复现故障程序（Minimal Fault Program，MFP）等，如表 3.2 所示。

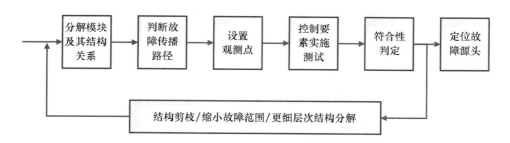

图 3.6　处理器故障定位的一般过程

表 3.2　故障定位过程的要点和工具方法

序号	定位过程	要点，工具方法
1	分解模块及其结构关系	• 不同层次结构分解 • 针对故障现象 • 针对定位目标
2	判断故障传播路径	• 交并集合逻辑推理 • 错误传播：无缺陷 • 错误产生：存在缺陷
3	设置观测点	• 仪器工具提供观测能力 • 集合搜索二分法
4	控制要素实施测试	• 调试工具提供控制能力 • 控变要素法 • 交并集合逻辑推理
5	符合性判定	• 自相似方法 • 显著性判别
6	缩小故障范围	• 结构剪枝 • 最小可复现故障程序 • 感知假设方法
7	定位故障源头	• 故障现场：固定复现、频发复现、偶发复现、不再复现 • 不同层次定位

3.3.1 分解模块及其结构关系

"分而治之"是一种常用的科学研究方法。故障定位的第一步是对所调试系统内部进行不同层次的结构分解。选择从哪一层次开始进行分解，一般根据故障现象而定；而分解到哪一层，受定位目标的影响：例如可以定位到处理器整体，也可以定位到处理器内部模块，当条件允许时甚至能定位到具体逻辑单元。

处理器硬件结构，主要包括计算单元和流水线、寄存器和存储器、数据通路和外设 I/O 接口等模块。图 3.7 给出了一个典型处理器的内部结构。寄存器和存储器称为存储模块，它们存储数据数值，不会改变数据数值（暂不考虑存内计算等技术）。数据通路和外设接口称为通路模块（其中也可能包含少量存储器和寄存器），它们不改变数据的数值。计算单元则会改变数据数值。每个模块内部则有更细致复杂的结构，可以进一步分解。

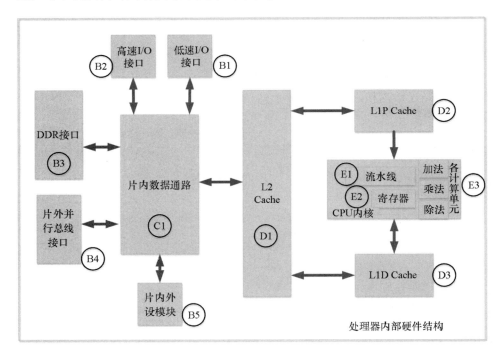

图 3.7 典型处理器的内部结构

模块分解后，可以用结构关系图来表示。模块即是图中的节点，模块间如果有连接关系，则用带端点的虚线表示。如果已知明确的故障传播关系，则用带箭头的实线表示。对图 3.7 的结构关系表示如图 3.8 所示。

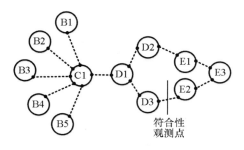

图 3.8　处理器内部结构关系图

软件结构方面，处理器软件的表达形式通常是程序员容易编写阅读的高级语言和硬件电路执行的汇编指令（等价于二进制可执行代码）。软件结构可以在不同层次上表达或描述，包括：偏上层的模块结构、函数静态调用结构、更细致的基本块结构和最底层的汇编指令图等。程序基本块中不会有跳转指令，也不会有跳转指令跳转至基本块内部，即在正常程序执行中基本块总是作为一个整体来执行的。一般软件调试是从模块或函数结构入手的。图 3.9 给出一个基于微内核的嵌入式软件模块图的例子，其结构关系表示如图 3.10 所示。

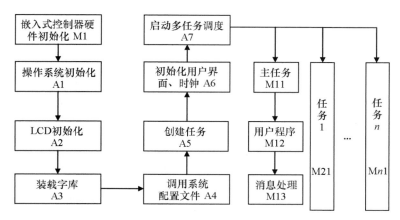

图 3.9　基于微内核的嵌入式软件模块结构

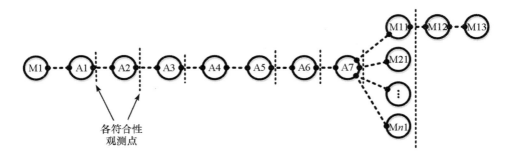

各符合性
观测点

图 3.10 嵌入式软件模块结构关系图

从硬件角度看，数据在芯片内部的硬件结构中流动，被接口、数据通路和流水线等各通路模块在存储器或寄存器之间传递，直到在计算单元中被处理——或改变数值、或相互合并、或分裂成更多数据，再被数据通路传递到外设 I/O 接口，送出芯片。指令代码（对数据或流水线的操作进行编码，也是数据形式）被预先写入存储器中，按照软件执行顺序被一段段地搬运到流水线中解码（即指令译码），实现对数据的操作和对流水线的控制。

从软件角度看，数据是在软件模块的级联中流动和被处理。核心驱动者是硬件的流水线。可能一条指令就会使用从计算单元、数据通路到 I/O 接口的一系列功能，驱动了几百万个晶体管翻转。但即使从软件的最底层——汇编指令看，这些庞杂的动作都被隐藏了，可能只看到寄存器中的数据变化。

3.3.2 判断故障传播路径

如上所述，发现错误现象后，错误在缺陷模块中产生，可能通过多个故障传递模块在模块关系图中传播。但未进行观测前尚不清楚模块关系图中的哪些模块是故障传递模块。此时只能通过对结构关系的了解，预判一些故障传播路径，产生交并集合并进行逻辑推理，以定位故障。此种方法称为交并集合逻辑推理。

举例分析如下，参见图 3.11。在该结构关系图中有 A1、B1 等七个节点，每个节点对应系统的一个模块，数据流动关系如箭头所示。为简化分析，假设所有节点均为故障传递节点，即箭头连接的两个节点具有确定的故障传递关系：如果前一节点出现故障，则相连节点也一定出现故障。系统具有可观测能力，D1 为观测节点，即能够检测 D1 节点输出结果是否与预期相符。系统提供可控制能力：能控变的要素（见 3.3.4 小节）是 A1 节点为起点的执行路径，有 P1 ～ P4 共四条路径。

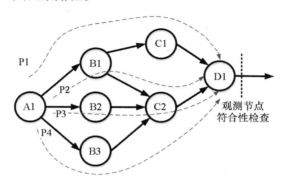

图 3.11　故障系统模块结构关系图

将各路径覆盖的对应节点标记在表 3.3。采用交并集合逻辑推理方法，通过控变要素（执行路径）从表中即能识别本案例的大部分节点故障，识别结果参见表 3.4。表 3.4 中如"组合 1"一行，当 P1 ～ P4 路径执行结果都出现 D1 节点输出结果与预期不相符，在表中对应位置标记了四个"×"，此时能判别出 A1 或 D1 节点存在故障。但若需进一步区分是 A1 还是 D1 节点故障，则需要增加系统的可观测能力，如增加对 A1 节点输出结果的符合性判定。如果控变要素有限，无法控变全部四条路径时，也需要增加系统可观测能力。对于更复杂的系统，可设计相应算法来计算控变要素与故障节点对应关系。

表 3.3　各路径覆盖的对应节点（√：包含，×：不包含）

节点	P1	P2	P3	P4
A1	√	√	√	√
B1	√	√	×	×
B2	×	×	√	×
B3	×	×	×	√
C1	√	×	×	×
C2	×	√	√	√
D1	√	√	√	√

表 3.4　通过控变要素（执行路径）能识别的节点故障

路径组合	路径执行对应的 D1 节点结果符合性（×：不符合，√：符合）				能识别的节点故障
	P1	P2	P3	P4	
组合 1	×	×	×	×	A1 或 D1
组合 2	×	×	√	√	B1
组合 3	√	√	×	√	B2
组合 4	√	√	√	×	B3
组合 5	×	√	√	√	C1
组合 6	√	×	×	×	C2

3.3.3　设置观测点

调试仪器和工具提供对系统中模块的观测能力。如 3.1 节所述，不同仪器和工具提供的能力不同。如在处理器管脚上的数据可以通过示波器或逻辑分析仪获取。对处理器内部电路，一般只能通过集成开发环境的断点/单步功能，观测所有的存储器和部分寄存器。对软件调试，特别是有操作系统支持时，可以有很多软件工具通过插桩等方式提供信息。

设置观测点时应考虑以下因素：

1）设置代价：设计开销、存储开销、调试操作开销、运行到故障点的延时开销等。

2）对系统的入侵影响。

3）如何与控变要素配合使用。

4）实时系统的设置限制等。

在一个较大的结构关系图中，可以采用集合搜索二分法来加快搜索速度。

集合搜索二分法是指：当对程序故障点的搜索范围很大时，可每次在所含故障的程序段的"中点"处进行测试，以此获得指数速度的范围收敛。如某函数 FuncA 中有顺序执行的 subfunc_1 ～ subfunc_n 个子函数。经排查 subfunc_1 输出结果正确，subfunc_n 输出结果错误，故障可以稳定复现。那么故障点应该发生在 subfunc_2 ～ subfunc_n 中的某处，需要进一步定位。如果按顺序比对每个子函数的运行结果，最坏情况下可能要查找 $n-2$ 次。而按照二分法，先在 $n/2$ 位置子函数设置观测点比对结果。如果结果正确，则故障出现在 $n/2 \sim n$ 处；如果有错误，则故障出现在 $2 \sim n/2$ 处。接下来仅在有故障的程序范围内再次对半查找，以此最终定位到具体故障子函数。这样最坏情况下的查找次数约为 $\log_2(n)$。通过在程序"中点"（对半）设置观测点，能快速缩小故障范围。

3.3.4　控制要素实施测试

调试仪器和工具以及其他手段（如环境因素等）提供对系统的控制能力。核心方法是控变要素法和交并集合逻辑推理。交并集合逻辑推理已在 3.3.2 小节进行了介绍，下面介绍控变要素法。

古希腊哲学家赫拉克利特说"人不能两次踏进同一条河流"。虽然每次测试不可能完全相同，但当关注其对测试结果的影响时，可以认为多数测试，特别是软件测试为可重复测试。反复测试时创建了不同的时空状态图，每次创建的时空状态图都是在时间、空间和环境参数三类影响下进行的。对输入完全相同的单一时钟纯数字电路系统，每次测试时空状态图应表现出完全相同的执行过程，且不随时间、空间和环境变化（当系统中存在多时钟域时则不能保证产生完全相同执行过程）。当数字系统存在故障时，则可能每次执行都不相同。"时间不变性"是常用的假设，但部分"带有记忆特性"的故障会运行到一定次数才会触发，部分"与可靠性相关的失效"故障会随使用时间积累而严重。"空间不变性"也有例外，如封装中的故障可能跟芯片摆放角度有关，接触类故障（如装焊故障和接插件故障）可能与板卡摆放方位或变形程度有关。环境参数更是经常改变或可以控制改变的。

将传统控制变量方法应用于调试排故，对多次测试中的影响要素分为三类：不变要素、随变要素、控变要素。

1）不变要素是试验多次测试中不变或是不会影响故障的因素。

2）随变要素是试验多次测试中必然会随每次测试变化的要素，无法剔除影响。

3）控变要素是试验多次测试中可以控制是否变化或变化程度的要素。容易通过控变要素构造集合交并关系，进而通过因果分析证实或证伪假设结论。

在嵌入式处理器调试中常用控变要素有：升降主频、升降供电电压、升降工作温度、振动试验、机械形变、更换器件、增减电阻、增减电容、通断信号、更改数字信号数值、增减信号幅度、增减驱动强度、调整信号完整性、调整测试激励、调整测试数据、更改程序代码、调整配置寄存器等。

调整测试数据和更改程序代码是软件调试的核心控变方法。通过程序代码实现的控变方法有：存储区域平移、不同优化选项、使用不同硬件部件（如开关 Cache）、不同数据通路、不同操作粒度、不同处理顺序、不同时间间隔和空间间隔、是否开中断等。如果能配合深入分析内部电路结构的设计机理，往往还能发现更深层次的控变方法。

收集影响要素并掌握其使用技巧，是积累调试经验的重要途经。

3.3.5　符合性判定

对于确定性的观测结果，如每次测试都固定复现故障且呈现固定数值，容易进行符合性判定。但当观测结果具有一定随机性时，如在一定范围有噪声干扰或故障本身就是概率复现时，就可能不容易进行判别了。掌握一些第 2 章介绍的概率相关知识是有必要的。如显著性检验方法能帮助我们分辨哪些观测结果是可信的，哪些在随机误差范围内，哪种结果是因为样本太少而不能充分信任等。概率理论的相关资料很多，此处不再深入介绍。

对于实际工程中的处理器软硬件系统，结构稍微复杂一点就会产生复杂的行为。对部分观测点的输出，由于特征不明显或行为复杂，调试者可能不知道预期行为判别标准，或不知道细节的预期行为。此时可以利用自相似方法。

自相似方法是利用嵌入式程序执行具有一定周期性这一特质，以自身功能正确时（或估计正确时）的特征作为预期行为参考，来分类正常与不正常时的行为，进而实现功能符合性分析。

举例说明，某程序中含有一个循环体，发现循环体执行结果出现错误，而循环次数很大，通过断点或跟踪执行方式不易定位到错误现场（首次出现错误的那次循环）。通过观察发现，在出错时某变量 y 的数值会变得很大，而正确执行时数值一般在 ±5 之间。则可在循环体内以 y 为特征增加判别语句：例如当 y 绝对值大于 10 时，进入一个分支语句，在该分支语句内设置断点，则容易定位到错误现场。

再如，某四核实时二维快速傅里叶变换（Two-Dimensional Fast Fourier

Transform，2D-FFT）处理程序出现偶发错误。该处理程序要在 30 ms 大循环范围内完成数据采集、数据多核直接存储器存取（Direct Memory Access，DMA）传输、协议处理、数据预处理、行－列 FFT 计算等功能（参见 4.2.5 小节）。涉及四核计算、多核同步、多个中断发生等事件，其中主动发起的事件源（主机事件）包括 4 个处理器核、16 个 DMA 操作、4 个中断源。程序员已经很难预测 24 个主机事件并发的行为，因此可以先对处理器行为进行跟踪记录。具体方法是以故障发生为停止记录的触发条件，连续记录这24 个主机事件发生的 ID 号、时间戳及关键参数。因是偶发错误，因此可以先预估程序前期行为或大部分行为是正确的，通过对比各大循环内的各事件记录，采用显著性检验方法，容易辨识出个别不一致的记录，以此作为调试线索。

3.3.6　缩小故障范围

在工程中，特别是软件调试中，有可能排故初期面对的是一个功能很复杂的系统，即使画出顶层的模块结构关系图工作量也比较大，因此需要对现有结构关系图进行快速剪枝，大幅去掉与故障复现无关的因素、逻辑或代码，缩小故障范围，能尽早在更细层次进行结构分解。本节介绍两种有效方法：MFP 和感知假设方法。

MFP 是通过尝试大幅删减或调整程序代码，保证可以复现故障（或大概率复现）的最简化（或较简化）的程序。通过 MFP 可以尽量减少对故障的影响因素，减少可能导致故障的因果关系数量，支持使用有限控变要素高效验证。当故障是概率复现或程序执行一次需要较长时间时，每次调试的迭代时间成本很高，会大大降低控变要素的使用次数和效率。因此都需要朝 MFP 方向努力，尽量提高复现概率，缩短复现时间，减少复现影响因素。

举例说明：如果程序故障原因是某算法函数内部表达式书写错误，属于一个代码设计缺陷。MFP 应该做到只包含该函数（但需保证输入数据不变），可以快速裁剪掉所有外设驱动程序和其他算法函数。

感知假设方法是一种思想试验方法，目的是针对排故问题，能够不通过试验即对系统结构关系图中的部分特定关系进行"思想剪枝"，直接排除不可能的因果关系。该方法的思想实质是"如果某因素是研究对象所不能感知的，则两者间一定无因果关系"，可以切断其因果关系。感知假设方法是一种调试中常用的方法，对于很多明显的不相关因素，调试者都会默认使用该方法进行排除。相应地，等效替代也是一种感知假设："如果等效替代有效，研究对象应该是无法感知发生替代的。"对感知假设进行试验验证的过程，也是识别控变要素的过程。如果研究对象感知到了替代发生（试验结果有差异），则可能存在某个因素未能完全等效替代，替代过程导致该因素发生了变化，应尝试是否能识别到该因素并实施控变来证实其因果关系。

仍以上一个算法书写错误为例说明：该错误是一个软件逻辑错误而与处理器硬件无关，裁剪为 MFP 后也与所有硬件接口无关。此时如果降低处理器主频（一般降低主频不会影响处理器正常工作，但调高主频可能会发生时序电路建立时间不满足的时序故障），该软件错误应该无法感知处理器主频的变化，并且该计算函数执行的节拍数也应该保持不变。

3.3.7 定位故障源头

定位故障源头是调试排故的阶段性目标。当然也有些故障，如无厂家技术支持的芯片内部故障，可能查不到更深层次源头；但如果解决措施有效，也能规避过去。

定位故障源头往往能发现缺陷。在不同层次有不同类型的缺陷：

1）模块内部：相对来说，模块内部的缺陷是容易查找的。理想定位结果是，能定位到故障最初出现的现场，发现软件代码或硬件逻辑在对特定数据处理时结果出现从无错到有错的变化。

2）模块间：模块间对接时往往会出现适配性故障。可能分别看两个模块的设计都觉得还合理，但对接在一起就出现差异。例如硬件电路设计时，模块间握手协议的信号时序容易出现衔接错误。这种差异可能是概要设计时未考虑全面或未规定细致导致的。

3）系统级：如果系统顶层设计存在缺陷，则系统整体可能出现不满足要求的故障现象。例如系统给模块分配的地址空间出现冲突；实时系统的死区时间过长，导致中断处理响应不及时。

4）产品级：如果产品需求定义本身存在缺陷或不完整，则产品整体在真实环境中测试时可能出现功能故障。例如发现实际工作环境的输入数据特征与之前预估时有差异。

抓故障现场的难易受故障复现程度的影响很大，设计了相应度量指标来表征故障复现频度、复现耗时、搜索空间等因素。

定义 3.12　故障复现频度 f：f = 试验中复现故障的次数/总试验次数。故障复现频度粗略可分为四类：固定复现、频发复现、偶发复现、不再复现。对于不再复现的故障，只能寄希望于理论分析、一遍遍的代码检查和继续无穷无尽的测试。

定义 3.13　故障复现耗时 t_i：t_i = 第 i 次测试中从开始到复现故障的时间间隔。t_i 的均值为 $\mathrm{Avg}(T)$。将复现耗时粗略分为：瞬时、短时、长时。

定义 3.14　故障空间 P：P = 定位故障所需的最小测试集合。

定义 3.15　故障搜索空间 S：S = 可通过控变要素实施的所有测试的集合。S 中元素的个数即测试的数量为 $\mathrm{card}(S)$。可定位故障时应有 $P \subseteq S$。

则粗略估计，$f \times \mathrm{Avg}(T) \times \mathrm{card}(S)$ 即是定位故障总时间成本的上限，也可作为初步评价故障定位难易程度的一个度量指标。

以一个计算程序为例介绍定位方法使用，程序 C 语言伪代码如图 3.12（a）所示。该程序在 main 函数中调用了 FuncA 函数，发现返回值 Var 偶发出现错误。程序使用了编译器 - O3 级别优化。按照本节给出的处理器故障定位过程进行定位，过程如下。

（1）第一轮

1）连接结构分解：以程序中主要语句（事件）为节点，绘制流程图，该流程图也是结构关系图，如图 3.12（b）所示。

2）故障传播路径：由于语句执行具有顺序关系，在软件伪代码层面可能

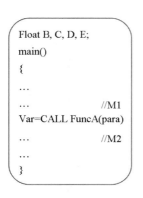

```
Float B, C, D, E;
main()
{
…
…              //M1
Var=CALL FuncA(para)
…              //M2
…
}
```

```
FuncA (para)
{
    float tmp;
    Initial();          //A1
    if(para)            //A2
      tmp=B−C;          //A3
    else
//下一条为缺陷代码，正确应为tmp=B*C;
      tmp=B+C;          //A4
    tmp*=D;             //A5
    tmp/=E;             //A6
    return tmp;         //R7
}
```

（a）程序的 C 语言伪代码

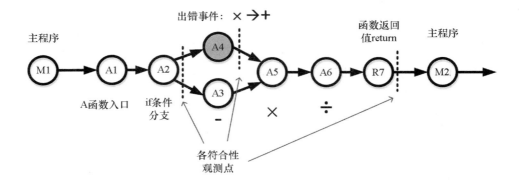

（b）程序结构关系图

图 3.12　程序表达式故障示例

的故障传播路径有两条，差别仅在 A3 和 A4 两个节点：

第 1 条可能路径：M1→A1→A2→A4→A5→A6→R7→M2。

第 2 条可能路径：M1→A1→A2→A3→A5→A6→R7→M2。

3）观测点设置：一般来说，通过 IDE 支持的 C 语言断点/单步功能，允许在每条语句处查看所有变量值。但因对代码采用了激进的 −O3 编译器优化（参见 4.4 节），FuncA 函数中的临时变量（tmp）会被优化掉而无法显示（编译器会保证返回值正确）。即实际上只能实现在函数出口（R7 节点）设置观测点，实现测试符合性检查。

4）识别控变要素：参数 $para$ 和 B、C 变量取值是可以控制的。参数 $para$ 可以控制选择故障传播路径。

5）符合性判定：在 R7 节点处手工计算预期正确的 tmp 值，与实际 IDE 读出结果进行比对。测试发现：当 $para$ 为假时，故障基本稳定复现；$para$ 为真时，故障没有复现过。

6）缩小故障范围：因两条传播路径仅在 A3 和 A4 两个节点有差别，$para$ 为假时经过的是 A4 节点。因此故障范围缩小到 A4 节点。

7）定位故障源头：因调试工具不支持对 A4 节点结果直接观测，暂时无法定位。进行第二轮定位迭代。

（2）第二轮：仅识别控变要素步骤发生变化

识别控变要素：将编译选项作为一个控变要素，对 FuncA 函数所在文件的编译选项改为 −O0 级别优化。进行测试，故障复现。仍是 $para$ 参数为假时故障基本稳定复现。

（3）第三轮：仅观测点设置步骤发生变化

1）观测点设置：在此－O0 级别编译器配置下，IDE 支持在 FuncA 中每条语句处设置断点。因此在第 1 条故障路径中的 A2 和 A4 节点后设置观测点，查看 A2 和 A4 节点所涉及的 $para$、tmp、B、C 四个变量值。

2）控制参数 $para$，令程序走第 1 条故障传播路径。

3）符合性判定：

a. 确认 A2 节点后 $para$ 参数数值为假。记录 B、C 变量值。

b. 程序按 if 语句执行 A4 节点、未执行 A3 节点。无误。

c. 在 A4 节点后，核对 tmp 变量值与手工计算 $tmp = B + C$ 的结果一致。无误。

4）但为什么执行到了函数出口 tmp 变量就不符合了呢？原因是如果仅与软件代码进行符合性判定，是发现不了代码错误的。此时需与设计预期进行符合性判定。进而发现设计预期在此处是进行 $tmp = B \times C$ 计算，与设计代码不符。遂故障定位。

根据故障机理，还需尽量能解释试验中的所有现象。其中现象"当 $para$ 为假时，故障基本稳定复现"，说"基本稳定"复现的原因是当 $B \times C = B + C$ 时（如 $B = C = 2$），虽然存在缺陷，但故障没有发生，后续计算结果也都是正确的。如果非常不幸，恰好在测试中对 B 和 C 选取的测试数据总是符合 $C = B/(B-1)$ 关系（此时 $B \times C = B + C$ 恒成立），则测试总是不能发现故障。

3.4　因果分析

因果是自然界和人类社会非常核心且复杂的现象和概念，也是科学研究的核心问题和目标。在前面章节对处理器故障调试的研究中涉及了一些因果分析方法。本节对调试中的因果问题和方法进行更深入的分析。

3.4.1　因果关系与调试原理

《为什么：关于因果关系的新科学》一书中，将因果关系分为三层来考虑[10]，分别是：观测、干预和反事实。本节所述调试原理与之对应情况由

表3.5给出。从观测可以证明相关性，对应调试原理的可观测性。干预即行动，对应调试原理的可控制性。而反事实是通过进行思想试验，对不易干预部分实现"想象"可控制性，也是可控制性的一种扩展。

表3.5　调试原理与因果关系

因果关系层次[10]	调试原理
观测（相关，关联）	可观测性
干预（行动）	可控制性
反事实（想象）	对不易干预的部分进行思想试验，实现"想象"可控制性

对本书3.3节所述调试方法学来说，模块之间连接关系实际上体现了其内在事件间的多个因果关系，如图3.13所示。A模块是缺陷模块，B模块是与之连接的故障传递模块。这些事件的因果关系包括：因为A模块自身存在缺陷，所以A模块工作故障；因为A模块工作故障，所以A模块输出故障；因为A模块输出故障，所以B模块输入故障；因为B模块输入故障，所以B模块工作故障，进而导致B模块输出故障。模块间的连接关系实际是多个事件因果关系的一种简化描述。

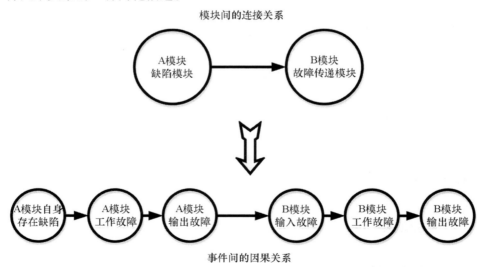

图3.13　连接关系与因果关系示意图

对于事件"模块工作故障"来说，其主要的可能原因事件包括"模块输入缺陷""模块自身存在缺陷""工作环境变化"等。"观测到模块输出故障"也可当作一个事件，其原因事件是"模块工作故障"，如图 3.14 所示。因果关系是事物一种内在的本质规律，不论是否进行试验或观测，它都是存在的，可以用条件发生概率来表征。观测是对因果规律的具体发生的一次行为记录，是该因果关系规律对客观世界作用的一次体现。观测由于受到工具和方法的限制，也具有一定的随机性、模糊性和不确定性，某些场合也可用条件概率来描述。

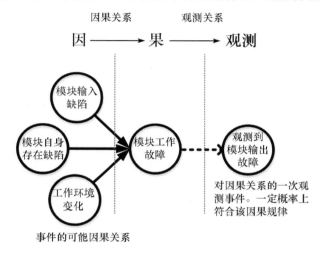

图 3.14　故障的观测与因果关系

3.4.2　面向调试的因果分类

嵌入式处理器软硬件系统的调试过程，是对各种代码、电路、影响因素和试验结果等，反复使用因果方法和各种逻辑工具进行分析。为了更清晰地区分其内在差异，根据在调试活动中处理对象和方法上的差异，将调试分为三种：黑盒调试、灰盒调试、白盒调试。相应地，对应因果分析方法也有三种：黑盒因果、灰盒因果、白盒因果。下面进行逐一分析。

1. 黑盒因果

黑盒因果也称端端因果。类似深度学习网络的端到端推理，黑盒因果无须通过对象的内部结构关系进行解释。这种情况可能是由于研究阶段、研究层次或能力水平上的限制，也可能是研究目的决定了不需要再进一步进行解释。黑盒因果的研究对象之间一般呈现一定程度的可观测关系，测量得到的相关关系具有一定概率性；并且从表面上看，其因果关系可能不明显。黑盒因果在机理上可能有一定合理性或可解释性，能够符合大致规律。

黑盒因果的例子包括：

1）复杂大系统中的因果关系，如大部分社会、健康、医药、教育等领域中的现象；

2）机理相对简单但参与对象数量特别庞大的系统，如处理器芯片供电电压与工作主频的关系，实际是由数千万的晶体管共同作用决定的；

3）研究阶段的限制，如发现某个科学规律的早期阶段，尚未能开展更细研究；

4）研究对象层次的限制，如通过模块级替换发现的故障点；

5）能力水平的限制，如某图像识别系统对某类输入图像效果不佳。

2. 灰盒因果

灰盒因果也称结构因果。这种因果关系能够通过内部结构关系进行较准确的解释，研究对象呈现可观测的较强的相关关系，具有较高的概率特征，因果关系较明显但并非百分之百确定。灰盒因果在机理上能提供较合理或较准确的解释。

灰盒因果的例子包括：

1）电路板阻抗与信号完整性的关系；

2）程序中函数层次的因果关系；

3）硬件数据通路中模块间的因果关系等。

3. 白盒因果

白盒因果也称逻辑因果。在研究范围内，可以通过逻辑关系得到确定的因果关系——因果关系具有逻辑确定性。白盒因果是确定性因果，通常无须用因果分析，而是使用逻辑分析的方法解决问题。一般存在于局部、细节、微观层面，具有大脑完全可解释性。在所研究的层次上，当其下一层基础可靠工作时，白盒因果能呈现百分之百的确定性。白盒具有天然的或默认的因果关系，容易被识别。

白盒因果的例子包括：

1）电路中电压、电流、电阻之间的关系；

2）晶体管可靠工作时的数字电路逻辑功能；

3）数字电路可靠工作时的单核处理器软件等。

4. 调试中的因果类型

对软件调试和硬件调试这两类最常见的调试问题，不同结构层次对应着不同的因果类型，列举如表 3.6 所示。

表 3.6　软硬件调试的不同因果类型

因果类型	软件调试	硬件调试
黑盒因果	程序级	芯片级
灰盒因果	函数级	模块级
白盒因果	C 语句级/汇编指令级	HDL 语句级或门级

但当处理器硬件工作不稳定时，一个简单程序运行结果也可能呈现灰盒甚至是黑盒因果特性。举例如下：

1）当芯片电源偶尔出现毛刺时，则系统主要因果问题转化为电源毛刺与程序运行结果的关系；

2）当处理器的工作环境受影响时，如在空间粒子环境中，则系统主要因果问题转化为入射粒子（类型、数量和位置）与程序运行结果的关系；

3）当控制粒子照射为不变要素时，需研究的因果问题可能转化为软件或硬件加固措施与程序运行结果的关系。

对于软件调试的程序或硬件调试的电路一般都具有复杂的结构，可以在不同层次分解为具有相互关系的模块进行分析。常见的调试过程也是从"黑盒→灰盒→白盒"逐渐缩小范围和增加确定性的明晰过程。对灰盒调试阶段的每个模块，一般也可当作一个黑盒来处理。当把该黑盒模块拆解为更小的子模块来对待时，它们又成为一个灰盒。当分解到已经能用逻辑方法去推理其中的每个工作步骤，则达到白盒调试阶段。如果最后能证实白盒因果，则是一个可以满意的调试结果。

为了实现从"灰盒→白盒"的定位，需要不断在灰盒级别（一般是函数级或模块级）进行"预期 vs 实际＝符合性检查"过程。特别是已知故障生产和传播时，根据模块对故障产生（缺陷）和错误传递特性的差异，可将这种专用的因果关系提出来单独定义，如图 3.15 所示。

缺陷因果：因自身存在缺陷（因）而产生故障（果）的因果关系，是最

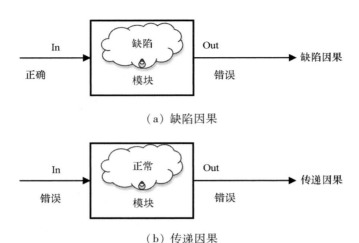

（a）缺陷因果

（b）传递因果

图 3.15　缺陷因果和传递因果

初产生故障的位置，如代码缺陷、硬件设计或制造缺陷，也包括如单粒子翻转的电路位置或代码位置。

传递因果：自身无缺陷且功能正常，但是由于收到的输入是错误（因）的而造成输出结果错误（果）。

在灰盒调试阶段的典型过程是：根据故障的传递因果关系，顺藤摸瓜，找到存在缺陷因果的模块，进而真正定位问题、解决问题。当然，也可以在有故障传递因果的模块位置增加可靠的错误检测，进而采取补救措施来解决。

对于材料、结构、工艺等方面的故障问题，则一般定位到黑盒因果或灰盒因果即可。如材料温度特性不合格、芯片批量制造中的个体差异等。

3.4.3　交并集合逻辑推理与因果

从基本形态上来说，因果关系结构一共有三种，如图 3.16 所示。从调试角度将图 3.16 中的 A 节点称为传递节点、共因节点和同果节点。

1）传递节点。对事件 A、B 和 C 来说，A 仅有 B 为因，B 仅有 A 为果，C 仅有 A 为因，A 仅有 C 为果，则 A 为 B、C 事件的传递节点。从调试故障的因果关系（简称故障因果）来说，如果 C 出现故障，则故障可能是来源于 A 也可能来源于 B 并经过 A 传递；如 B 和 C 同时出现故障，则很可能该故障

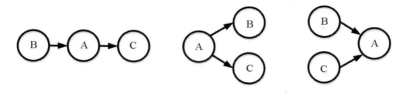

（a）传递节点　　　　（b）共因节点　　　　（c）同果节点

图 3.16　因果链节点关系

是 B 通过 A 传递给 C 的。

2）共因节点（分叉节点）。对事件 B 和 C 来说，有共同的原因 A。从故障因果来说，如果 B 和 C 具有类似故障，则故障很可能来源于 A。特别地，如果要研究 B 和 C 之间的因果关系，要尽量识别出 B 和 C 所有的共因节点，尽量在共因节点的相同影响下进行试验或提取试验结果。尤其是当 A 为不可控的随变要素时，可通过选择恰当样本或是建立"随变要素基准"等方法解决。例如，工作温度对处理器最高工作主频和功耗都有影响，研究主频和功耗关系时应注意保证工作温度不变（能作为控变要素）。若是限于条件无法有效控制工作温度，使得工作温度必然随时间缓慢上升（只能作为随变要素），则可以通过多次试验，在相同温度曲线上进行研究。

3）同果节点（碰撞节点）。对事件 B 和 C 来说，有共同的结果 A。从故障因果来说，如果 B 或 C 存在故障，则故障很可能传递给 A。特别地，如果要研究 B 和 C 之间的因果关系，如测试结果是从一个大数据集中提取的部分样本时，应识别 B 和 C 所有的同果节点，以避免该部分样本受到样本选择性偏差。例如，用示波器测试某高频信号波形时，发现匹配电阻对信号完整性影响不大。后来发现，原因是示波器中设置了输入通道 20 MHz 带宽抑制，因此观测不到与信号完整性相关的高频信号振铃等现象。匹配电阻和信号完整性两个事件都会改变示波器显示信号的频率成分（具有因果关系的同果节点）。如果设置 20 MHz 带宽抑制，相当于只观测了 20 MHz 以下的信号分量，而忽略了 20 MHz 以上的高频信号分量。再例如，逻辑分析仪观测某个时序信号时，发现提高系统时钟（tick）对系统实时性影响不大（表现为关键信号发送间隔变化不大）。后来发现，原因是逻辑分析仪中设置的是触发显示模式，限于存储深度设置，只能对 1 ms 以内间隔的信号实现触发。将逻辑分析仪信号触发间隔扩大到 10 ms 后，观测到关键信号间隔还是大致随系统时钟设置而变化。

　　对于常见的多因同果结点，可将多重影响要素组成集合，根据集合交并关系，确定影响因素并进行比对符合性测试。如求同法、求异法、剩余法、排除法和求同求异并用法等，实质都是通过逻辑判断和因果分析的方法来对故障假设（各个底事件）证实或证伪。

　　举例说明对多因同果节点因果分析时，如何通过交并集合关系故障定位。出现 X0 故障，故障可能原因是 X1、X2、X3、X4 四个事件中的一个，如图 3.17 所示。实施控变要素法，此例中控变要素为控制某事件或某些事件是否发生。

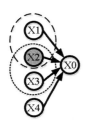 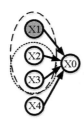 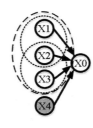 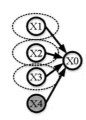 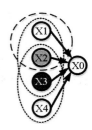

（a）求同法　　　（b）求异法　　　（c）剩余法　　　（d）排除法　　（e）求同求异并用法

图 3.17　多因同果节点的交并集合关系

　　1）求同法：

　　a. 进行 2 次控变要素测试；

　　b. 第 1 次控制 X1 和 X2 事件共同起作用，X0 故障出现；

　　c. 第 2 次控制 X2 和 X3 事件共同起作用，X0 故障出现；

　　d. 则两次测试中共有的 X2 事件是最有可能导致 X0 故障的原因。

　　2）求异法：

　　a. 进行 2 次控变要素测试；

　　b. 第 1 次控制 X1、X2、X3 事件共同起作用，X0 故障出现；

　　c. 第 2 次控制 X2 和 X3 事件共同起作用，X0 故障未出现；

　　d. 则两次测试中有差异的 X1 事件是最有可能导致 X0 故障的原因。

　　3）剩余法：

　　a. 进行 3 次控变要素测试；

　　b. 第 1 次控制 X1、X2、X3 事件共同起作用，X0 故障未出现；

　　c. 第 2 次控制 X1 和 X2 事件共同起作用，X0 故障未出现；

　　d. 第 3 次控制 X2 和 X3 事件共同起作用，X0 故障未出现；

　　e. 则未测试的剩余 X4 事件是最有可能导致 X0 故障的原因。

4）排除法：

a. 进行 3 次控变要素测试；

b. 第 1 次控制 X1 事件起作用，X0 故障未出现；

c. 第 2 次控制 X2 事件起作用，X0 故障未出现；

d. 第 3 次控制 X3 事件起作用，X0 故障未出现；

e. 则未测试的 X4 事件是最有可能导致 X0 故障的原因。

5）求同求异并用法：

a. 进行 3 次控变要素测试；

b. 第 1 次控制 X1、X2、X3 事件共同起作用，X0 故障出现；

c. 第 2 次控制 X2、X3、X4 事件共同起作用，X0 故障出现；

d. 则 X2 和 X3 事件是有可能导致 X0 故障的原因；

e. 第 3 次控制 X1 和 X2 事件共同起作用，X0 故障未出现；

f. 则 X3 事件是最有可能导致 X0 故障的原因。

结合生活中的一个实际例子来说明，一部台式计算机出现启动无显示的故障现象（X0），若被送到电脑维修中心，维修人员大多会根据开机提示信息，快速对显示器、显卡、CPU 等配件重新拔插或替换来解决问题。实际上，维修人员根据多年维修经验，按照计算机组成部件和空间连接关系，已经建立了自己心中成熟的概率故障树。按优先级顺序，故障分支事件有显示器故障（X1）、显卡故障（X2）、CPU 故障（X3）、主板故障（X4）。每次拔插或替换一个部件，即是以该部件为要素进行了控变。图 3.17 所示各种集合关系，即是同时控变了多个要素，进行了多轮测试。这在实际中不同场合环境面对不同约束是必要的：如有的 CPU 是焊在主板上，则只能两个同时替换；如一体机，CPU、主板和显卡都不能拆开单独替换。再如，在板级调试中常用更换器件或器件与板卡互换方法，容易得到"故障跟着器件走"或是"故障跟着板卡走"的结论，其实质也是将故障原因事件分为两类（器件和板卡），采用求同法或求异法进行定位。

3.4.4　基于因果的通用故障定位方法

综合本章所述的调试分析和故障定位方法，概括出一种面向系统故障定位的通用方法，供相关技术领域的故障调试参考。该通用方法的使用示例如图 3.18 所示，主要步骤概括如下。

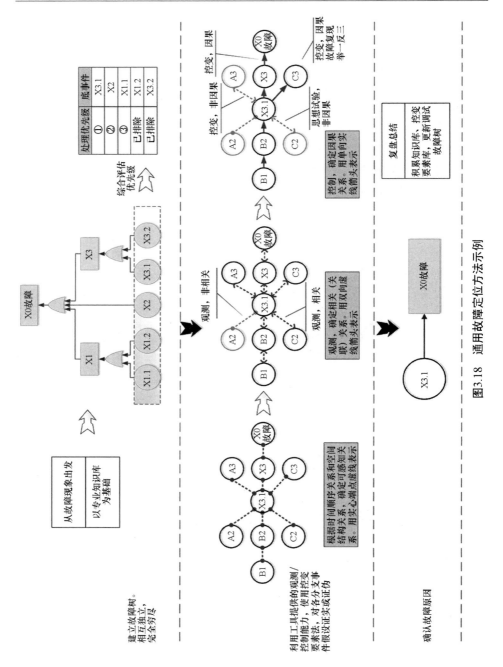

图3.18　通用故障定位方法示例

1）从故障现象出发，以专业知识库为基础。

2）建立调试故障树。

3）根据具体问题估计各分支可能性；综合评估发生概率、可实现性和工作量等，对分支事件的处理优先级进行排序。

4）综合运用各种调试技术和工具对系统状态充分观测和控制。

5）识别系统中的不变要素、随变要素和控变要素；灵活运用控变要素进行试验。

6）确认可感知关系，发现相关关系，论证因果关系。

7）证实或证伪故障树各分支事件；在调试模型中不断缩小故障范围，最后准确定位故障原因。

8）复盘总结，积累知识库，积累控变要素库，更新调试故障树。

第 4 章　嵌入式处理器系统设计与
常见故障问题

调试的对象——故障，往往来源于设计缺陷。对处理器系统功能的正确使用，对软硬件的可靠设计，也是减少故障的根本方法。本章从嵌入式处理器的片外硬件电路设计、片内部件使用、软件设计与优化三个方面展开介绍。给出了一种硬件设计容限模型、实时软件的设计框架、简洁实用的软件插桩方法，详细总结了主要接口和部件主要设计注意事项，并根据调试经验提出了一种嵌入式处理器系统的故障树。

4.1　片外硬件电路设计

4.1.1　硬件设计容限分析方法

虽然现代嵌入式处理器日趋复杂，内部动辄数十个处理器核、数十个部件和外设接口，但大多以数字电路为主。保障其正常工作的核心条件为：芯片本身是合格芯片（通过筛选测试保证），芯片外部工作环境满足要求。外部环境一般包括：通过管脚提供的电特性环境（包括所有输入输出的电信号和电源）、环境温度条件、空间辐照粒子环境、空间电磁场环境等。其中通过管脚提供的电特性环境是芯片工作异常的主要来源，具体形态为芯片外围硬件电路。

由于制造工艺的良品率不可能为 100%，集成电路芯片产品出厂前大多需要经过全面筛选测试。其中包括核心的自动测试机台（Auto Test Equipment，ATE）筛选测试，一般包括三温（常温、高温、低温）和电压拉偏等条件。部分高可靠性芯片要经过老练（老化）环节，用于剔除会早期失效的芯片；一些复杂芯片要增加系统级测试环节（System Level Test，SLT）。所以当一颗经过筛选测试的芯片产品在使用过程中出现工作异常时，大多为使用时提供的电特性工作环境与筛选测试时的环境不同造成的。

电特性工作环境是电路板对芯片所有管脚上持续提供的电信号，一般描述方式是包含幅度信息和时间信息的电信号波形。从芯片角度看，关注的问题是自身允许的波形范围有多大，工作范围的边界是哪里等。从电路板级角度看，关注的是板级实际提供的信号是多少；在不同温度、空间粒子、电磁环境等影响下，信号可能的变化范围是多大；芯片在最恶劣条件下是否还能正常工作，能工作的容限有多少。以上这些都是硬件设计师需要特别关注的问题，一般归结为外围硬件电路设计容限与可靠性问题。

芯片关键指标应包括影响芯片功能和性能的技术参数，这些参数应被全面识别并作为关键设计指标重点关注。

下面给出一个简化的电信号容限分析模型，如图 4.1 所示。

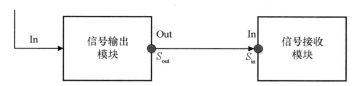

图 4.1　电信号容限分析模型

信号输出模块有输出端 Out，在某时刻 Out 端上输出信号参数为 S_{out}。由于实际电路工作具有一定随机性，S_{out} 是一个在某区间 S_{OR} 内的随机值。该区间 S_{OR} 会随输出模块的工作环境和自身状态而变化，记为 $S_{OR}(E)$。E 包括不同工作环境温度、信号输出模块的输入工作条件、模块自身不同老化程度等。一般来说，当模块工作环境温度范围变大、输入条件变差或模块老化程度增加时，$S_{OR}(E)$ 很可能会变大。

信号接收模块有输入端 In。对信号接收模块来说，其允许 In 端信号 S_{in} 是一个范围，记为 S_{InR}。超出该范围的输入信号将导致接收模块工作故障。该范围 S_{InR} 会随接收模块的工作环境和自身状态而变化，记为 $S_{InR}(E)$。一般来说，当模块环境温度范围变大、输入条件变差或模块老化程度增加时，$S_{InR}(E)$ 很可能会变小。

信号接收模块 In 端与信号输出模块的 Out 端直接相连。当考虑连接线为理想传输线时（不考虑线上的阻抗和串扰等），可以近似认为 In 端的信号始终实时等同于 S_{out}。

因此若 In 端在 t 时刻正常工作则需：$S_{out} \in S_{InR}(E)$。如果 $S_{InR}(E)$ 具有上下限 $S_{InR_{Max}}$ 和 $S_{InR_{Min}}$，则 t 时刻工作容限 $S_{Margin} = \min(S_{InR_{Max}} - S_{out}, S_{out} - S_{InR_{Min}})$。

若 In 端稳定工作（在所有时刻正常工作）则需要：$S_{OR}(E) \subset S_{InR}(E)$。$S_{OR}(E)$ 与 $S_{InR}(E)$ 的最小距离则为模块 Out – In 连接端的稳定工作容限，即 $S_{MarginR} = \min\{S_{InR}(E) - S_{OR}(E)\}$。

当考虑连接线为非理想传输线时，线上的阻抗和串扰等会使 $S_{MarginR}$ 进一步缩小。

下面以具有代表性的电源容限问题为例，进行设计容限分析。对于信号参数为其他类型时（如延时和幅值等），可采用类似分析方法。电源容限问题是硬件设计中很典型的问题，可能导致处理器在高低温工作不稳定或工作一段时间后偶发失效。对某具体工作场景描述如下：

某电源模块输出电压为 V_{out}，功能是为某处理器（CPU）的 V_{cc} 电源供电，如图 4.2（a）所示。假设 V_{cc} 的典型值为 0.9 V，V_{out} 输出的期望值也为 0.9 V。但由于电源模块输出不可能完全理想以及板级电源完整性等问题，电源输出始终会有噪声；并且电源噪声在高低温环境下可能会变大，在电源模块老化后可能会变更大。

图 4.2（b）给出一种输出电源噪声设计裕量不足的情况。假设经测量，在常温下（25 ℃）电源模块输出电压的范围是 0.88 ~ 0.92 V；在高低温环境下范围增大至 0.85 ~ 0.97 V；在老化后进一步增加至 0.84 ~ 0.98 V。CPU 在某固定工作主频下，对其所需的 V_{cc} 电压范围也不是固定不变的。假设在常温下能够保证其正常工作的电压范围是 0.8 ~ 1.0 V；在高低温环境下由于内部信号传输速度的变化，所需电压缩小至 0.83 ~ 0.97 V；在老化后进一步收窄至 0.84 ~ 0.96 V。易知，常温下电源模块输出电压范围在 CPU 所需范围内，因此 CPU 能够稳定工作；高低温下 CPU 正常工作范围与电源输出噪声范围接近，表现为偶发故障；老化后高低温时电源输出噪声范围大于 CPU 正常工作范围，表现为稳定失效。

图 4.2（c）给出一种输出电源噪声设计裕量充足的情况。假设电源模块输出电压范围在常温、高低温、老化后都控制得较好，最差条件下范围是 0.86 ~ 0.94 V。而 CPU 在各条件下的实际正常工作电压范围不变，最差条件下所需电压范围仍是 0.84 ~ 0.96 V。因此在各条件下 CPU 均能正常工作。

一般 CPU 器件手册中规定的正常工作电压范围会小于其能正常工作的实际极限范围，目的是留有一定裕量。很多器件手册会将标准电压值上下浮动 5%，作为允许工作电压范围。

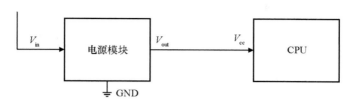

（a）电源模块与处理器连接结构示意

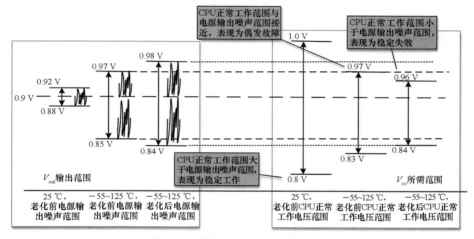

（b）输出电源噪声过大，电源系统裕量不足

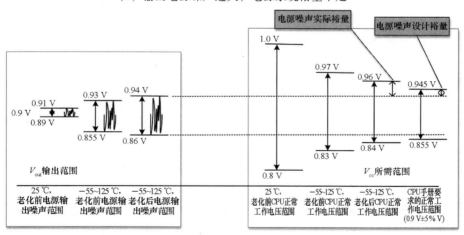

（c）输出电源噪声小，电源系统裕量充足

图 4.2　电特性设计容限示意图

电路设计博大精深，本书此处只能略点一二。接下来本书将对保障芯片正常工作的关键指标或要考虑的主要问题展开叙述。

4.1.2 电源设计注意事项

1. 电源设计核心指标

电路板级电源的供方是电路板上的电源模块或电源芯片，需方是处理器芯片，核心指标有以下几项。

（1）最大供电电流

板级考虑因素：板级能提供的最大供电电流，一般是依照芯片所需的最大电流，并留有适当裕量。对处理器内核电流，一般动态变化范围比较大，需要较大裕量。I/O电源电流相对稳定，留有适当裕量即可。开关电源的效率与输出功率相关，当接近开关电源的输出极限时，效率会下降较大。

芯片考虑因素：芯片所需电流一般分为静态电流与动态电流两种。静态电流主要是对芯片晶体管加电但不动作时产生的漏电流，视工艺不同，静态电流可能在高温时急剧增加。动态电流是晶体管开关时才会产生的，一般与处理器逻辑门翻转率成正比。

（2）纹波或噪声

开关电源输出电压的周期性微小波动，一般称纹波。开关电源采用周期斩波再滤波方式工作，开关频率一般是几百 kHz～几 MHz。其优点是输出电流大，电源转化效率高，但也导致了输出电压具有周期性波动。开关电源电路需要精心设计，不合理的电阻/电容/电感参数或不适当的印制电路板（Printed Circuit Board，PCB）布线都可能会导致纹波过大。

线性电源如低压差稳压器（Low Dropout Regulator，LDO）会产生无规则的电源噪声，一般比纹波小很多，也不容易出现设计异常。缺点是自身消耗的功耗比较大（功耗 = 压差×电流），输出电流较小（如几百 mA～几 A 以内）。

电源中偶尔也会出现周期为 50 Hz 的工频噪声，这是 50 Hz 交流电被干扰到直流端造成的。不合理的测试方法也会引入工频噪声。

使用示波器测量电源纹波时，一般要开启 20 MHz 带宽限制。需要尽量减少测试探头的地回路，可以用 2 cm 以内的探针代替地线夹。

对处理器来说，内核或接口电源电流较大，往往只能选用开关电源提供。

开关电源纹波会同时施加在内部晶体管上，直接影响晶体管开关速度。当纹波过大时，会造成芯片最高工作主频下降，并产生各种工作异常。

芯片的锁相环等模拟电路受电源纹波和噪声的影响更大，因此一般采用单独的 LDO 电源芯片供电或开关电源滤波后供电。

（3）PCB 电源完整性

电源完整性（Power Integrity，PI）的设计目标是把电源噪声控制在允许范围内，实时响应负载电流动态变化，并能够为其他信号提供低阻抗的回流路径。整个电源系统按供电路径可分为 PCB 电路板、封装基板和硅片三段，每段与工作负载（硅片晶体管）的远近不同，导体电阻、寄生电感和去耦电容等都不同。一般来说，PCB 板对电源滤波范围为直流 ~ 20 MHz 频段，20 ~ 100 MHz 频段通过基板电容进行滤波，100 MHz 以上频段通过硅片上的晶体管电容进行滤波。

处理器工作时所需电流具有相当大的动态变化范围。通过对处理器、基板和 PCB 进行 PI 联合仿真，可以调整电源和地层的布局与参数，以及滤波电容数量位置等，使整板电源阻抗处于可以接受的范围。

（4）高低温下的特性变化

芯片在高温下一般会功耗增加，良好的散热和充足的电源电流裕量是必要的。电源芯片的性能和功能也受高低温影响。在高温环境下工作时，电源芯片自身功耗也会增加。电源芯片或模块高低温下的故障包括功能失效（无电流输出）、输出电流能力下降（电压降低）或纹波增大的情况。

2. 电源设计容易忽视的问题

1）是否需要使用电源反馈端：由于高速处理器芯片的内核电流较大，电流随芯片内部执行不同功能产生的动态范围也较大。从板级电源输出脚到芯片内部硅片的电源通路包括 PCB 的电源层、芯片的管脚、芯片封装基板和芯片 Bump。这些供电线路为非理想导体，其自身电阻与通过电流的乘积即是线路两端的电压降。这种电压降使到达硅片上的电压低于板级电源管脚输出电压。因此高功耗的处理器芯片一般都提供内核电压的内部检测脚（包括电源和地），这两个脚应与板级电源芯片或电源模块的反馈端相连，从而动态调节电源输出电压，以补偿电源通路的电压降。

2）多路电源时如何合并：现代处理器由于内部各种 IP 和高速接口种类多、数量多，合计使用的电源可能多达几十路。为方便用户使用，一般芯片内已将可以合并的电源在硅片上或封装基板上合并。对芯片内部不便合并的电源，则留给 PCB 设计者决定是否合并以及如何合并。芯片手册一般会提供芯片电源系统的设计建议。

3）多路电源上、下电顺序：

a. 当需提供多路电源时应遵循合理的上电顺序，芯片手册一般会提供多路电源的上电顺序建议。上电顺序可由各电源芯片控制端级联实现，也可采用可编程器件实现以便灵活调整。确定上电顺序的一般考虑因素包括：多电压域对接需求、IP 核的需求、系统功能的需求等。实际上电过程中尽量不出现过大的电压和电流尖峰脉冲。

b. 对下电顺序，一般与上电相反。但由于下电顺序比较难控制，也由于下电后不会造成系统异常，往往无须精确控制下电顺序。但有一种情况应该注意：如果内核电源先于 I/O 电源下电，内核电压可能会降低，内核工作错误导致程序跑飞，跑飞后可能会执行不可预测的代码，此时因为 I/O 电路仍在工作而存在小概率对芯片外部器件进行操作的可能，如擦除 FLASH 等。所以上下电过程中应尽量保持芯片处于复位状态，待电源完全正常后释放复位信号。

4）对未使用的部件，其所需电源能否不提供：当手册未说明时，即使不用的部件也需要提供电源，否则可能影响芯片其他正常功能，或造成可靠性方面的影响。

5）利用电源关断和时钟关断功能降低功耗：部分处理器为降低功耗，允许对片上不使用的部件关闭电源（Power）或关闭时钟。关闭电源比关闭时钟降低功耗更显著。但实现关闭电源需要增加特殊电源域接口电路，其自身也会消耗不小的功耗和面积，因此不是所有处理器都会支持。

4.1.3 时钟电路设计注意事项

对未使用锁相环（Phase Locked Loop，PLL）的电路来说，输入时钟决定时序电路的工作频率。使用 PLL 时，应重点保障 PLL 工作稳定可靠。

1. 频率范围

关注输入时钟的频率是否在 PLL 的允许输入范围内，并关注倍频设置后的 PLL 中心频点是否在允许范围内。建议 PLL 中心频点尽量在 PLL 最佳工作范围内，与边界留有裕量。

2. 信号类型

1）时钟信号一般有单端和差分两类。

2）差分信号有低电压差分信号（Low-Voltage Differential Signal，LVDS）、高速电流控制逻辑（High-Speed Current Steering Logic，HCSL）等类型，应尽量使用指定类型匹配的时钟信号输出。当不能满足时，也可采用转换电路，但需满足时钟信号幅度和边沿时间等要求。

3. 时钟抖动

1）对时钟抖动（Clock Jitter）有多种描述方式，包括相位抖动（Phase Jitter）、周期抖动（Period Jitter）、周期间抖动（Cycle to Cycle Jitter）等。其中相位抖动代表实际时钟与理想无抖动时钟之间的偏差；周期抖动表示实际时钟周期与理想周期之间的抖动；周期间抖动表示两个相邻的不同周期之间的抖动。

2）当时钟抖动过大时，可能造成芯片工作频率不稳定甚至 PLL 失锁现象。

3）当时钟周期不稳定时，其最小周期等效为该时钟的最高频率。芯片在该最高频率下应能稳定工作。

4. 信号完整性

1）时钟信号畸变包括过冲、振铃、边沿跳变时间延长和信号幅度变化等。阻抗不匹配、其他信号的串扰、电源质量等都会影响信号完整性（Signal Integrity，SI）。

2）时钟信号畸变对处理器工作有较大影响：如果振铃幅值过大、超过信号阈值电平，或时钟边沿有回沟，则可能等效为时钟毛刺，会造成芯片执行严重错误。并且这种情况很可能是偶发的，或是在某个温度条件下才被触发，排查难度较大。

3）如果时钟边沿爬坡时间过长，加上非理想的阈值判别电平，可能造成时钟占空比不符合要求。

4）时钟信号的 PCB 走线需要考虑是否加保护，以保证时钟信号不受干扰（特别是串扰），同时避免时钟信号干扰其他信号。

5. 温度特性

1）时钟源由于晶振自身特性，一般都有中心频率随温度漂移现象，称为温漂。

2）时钟抖动特性也可能会随温度有微小变化。

3）芯片内部晶体管在不同温度下的开关速度不同：一般是温度升高时，晶体管开关速度变慢，表现为芯片最高工作主频降低；反之，温度降低时，芯片最高工作主频升高。

6. 电源特性

1）电源电压对时钟的影响。电源电压正偏离（偏高）时，芯片内部晶体管的工作电压会升高，能提升晶体管开关速度，表现为芯片最高工作主频升高，但同时也会影响芯片内部时序电路的保持时间（Hold Time），可能造成电路功能异常；电压负偏离时，芯片内部晶体管的工作电压降低，会降低晶体管开关速度，表现为芯片最高工作主频降低。

2）电源噪声对时钟的影响。时钟通路的有源器件对电源噪声很敏感。因为电压波动会造成晶体管开关速度变化，间接造成了时钟的抖动。一般"高温 – 低压"的环境条件是处理器的恶劣工作条件；反之"低温 – 高压"是更适宜的工作条件，此时处理器最高极限工作频率会提升。频率、电压和温度，是可能增加处理器芯片故障复现频率、缩小故障范围的有效控变要素。

7. PLL 锁定时间与系统功能的关系

1）PLL 锁定时间是处理器系统一个要识别的设计要素。应采用查询或延时的方式保证 PLL 锁定后，再使用其输出的时钟信号进行其他操作。

2）一般不建议上电后对 PLL 多次初始化。如果需要配置不同频率，一定要保证旁路（Bypass）时钟与 PLL 输出时钟切换时不产生毛刺或窄脉冲。

4.1.4　复位设计注意事项

1. 信号质量

由于复位信号会连接到芯片中所有带有复位端的寄存器电路上，因此复位信号必须保证无毛刺，否则会对芯片运行造成致命错误。

2. 复位时间

1）复位信号释放（多数处理器都采用低有效复位信号，释放时复位信号为高电平）时处理器即处于工作状态，如果此时电源或时钟不稳定，则程序可能出现执行错误；

2）如果处理器自举执行（Boot）地址不正确（如自举方式指向地址没有正确存放指令）或程序指令码不可用（如此时存放程序的 FLASH 尚未退出复位），则处理器仍会执行此时读到的随机值或乱码指令；

3）建议在上电过程中一直保持处理器处于复位状态，当所有电源都正常后再退出复位。

3. 复位信号来源

复位信号可采用电阻 – 电容（Resistor-Capacitance，RC）电路、专用复位芯片和现场可编程门阵列（Field-Programmable Gate Array，FPGA）输出等实现。复杂芯片不建议采用 RC 电路实现复位。

4. 复位与系统其他芯片的关系

1）与时钟类似，应仔细分析处理器系统中各个相关芯片退出复位的时机，保证可靠启动所需的功能关系；

2）处理器退出复位的时机应在程序 FLASH 退出复位之后并留有裕量，否则可能从 FLASH 中读不到正确指令。

5. 复位与仿真器连接的关系

1）处理器芯片在时钟有效、退出复位后才能与开发环境和仿真器正常连接。

2）当处理器程序存储器中不慎固化了有异常操作的程序，处理器上电后先自举执行该程序，芯片可能会进入故障状态无法连接仿真器。此时可以更改自举方式，芯片启动后执行其他程序或不执行任何程序，连上仿真器后首先更新之前固化的异常程序。

6. 电源监控芯片

1）部分电源芯片或专用电源监控芯片带有复位输出端。当使用该复位端用于控制处理器复位时，能够在内核电源电压不正常时及时复位处理器芯片，保证芯片不因电压异常而执行错误。

2）当使用 FPGA 等作为复位控制芯片时，也可以与电源监控芯片的复位信号组合实现相关电源监控功能。

4.1.5 外部接口设计注意事项

1. 外部并行总线接口

1）处理器外部并行总线接口结构简单，带宽适中，时序控制协议清晰，易于使用。通常挂接各类存储器、功能芯片、接口转接芯片和 FPGA 等。

2）应保证信号完整性。当处理器外部挂接多个设备时，可能一个信号管脚要驱动多个端口导致负载较重，并且往往在 PCB 上是非理想走线，容易产生信号完整性问题。通过在关键信号线上添加匹配电阻、PCB 精细阻抗匹配设计，并且辅以用芯片输入/输出缓冲器信息规范（Input/Output Buffer Information Specification，IBIS）模型进行 PCB 仿真，综合运用多种手段以保证信号可靠传输。

3）应保证时序关系。外部总线接口应满足互连器件双方的时序要求，特别注意满足"建立–保持"时间关系。时序设计应留有裕量，当时序关系处于边界条件时，容易出现偶发故障。高低温环境下的时序关系会存在一定差异。通过 FPGA 采样得到的调试信号波形，由于采样频率的限制会与准确时序有较大偏差。

4）注意外部接口可能造成芯片工作异常的情况。如双向数据管脚与 FPGA 互连时，特别注意 FPGA 中的方向控制逻辑，避免两边管脚均为输出造成冲突的情况。管脚冲突会造成电流突然增加，可能对芯片造成无法启动或执行异常的影响。但一般短时间输出冲突不会造成永久损伤。

2. 高速接口

1）高速接口自身产生的故障一般限于该接口功能范围内，不会造成芯片无法连接仿真器或无法运行等严重故障。

2）高速接口特别是高速串行接口，如 SRIO、PCIe、GMAC 等，内部含有高速模拟电路（SerDes），对电源稳定性和时钟稳定性都相当敏感。在 PCB 布线上更要精细设计，满足信号完整性和协议要求。

3. 低速接口

低速接口自身产生的故障一般限于该接口功能范围内，不会造成芯片无法连接仿真器或无法运行等严重故障。

4.1.6　环境与可靠性注意事项

1. 温度应力试验

1）温度应力试验能激发多种潜在故障，是有效的可靠性验证方法。

2）高低温环境增加了通过测试设备调试处理器系统的难度，特别是将信号线引出高低温环境设备（如高低温箱）测试时，容易造成信号波形的严重畸变或失真，观察者效应严重。

3）可用示波器专用低温探头与电路板一同进行高低温试验。

4）可对疑似故障芯片外壳喷液氮进行局部降温，但具有较大风险。

5）可考虑建立局部高低温测试环境。具体方法是使用专用高低温控制器，通过连接管道和夹具，能够仅对被测器件表面单独施加高低温，使芯片内部也能够达到所需温度应力条件。

2. 振动应力测试

1）芯片制造工艺要求高，环境要求严格。一般不会产生内部多余物情况。

2）从芯片自身来说，倒装焊封装的芯片受振动影响不大。对 bonding 线方式封装的芯片，振动测试可以检测其内部是否有金丝碰撞等不合理设计问题。

3）振动测试与温度循环测试或温度冲击测试结合，对 PCB 装焊的可靠性有较强的检测能力，可以检测是否出现焊球开裂等问题。

3. 芯片筛选测试覆盖率

1）现代复杂处理器芯片内部动辄有上亿个晶体管，测试覆盖率可能达不到 100%。

2）嵌入式处理器应用一般具有固定程序执行模式，程序未用到的部件中即使有故障也很可能不影响系统功能。

3）除 ATE 测试外，往往对复杂处理器还增加了 SLT 系统级测试。目的是用较低成本，支持使用大型复杂应用程序进行较长时间测试（如数十分钟级别）。

4）在有超高可靠性要求的场合，可以研制配套的专用测试工装设备，采用尽量贴近使用场景的软硬件进行芯片筛选测试。

4. 芯片参数一致性

1）由于芯片生产工艺的限制，同一批芯片的电参数和时序参数不可能完全相同，芯片各流片批次也会有差异。

2）每颗芯片在出厂前都会通过 ATE 进行筛选测试，以保证每颗芯片的实际参数都满足芯片手册指标范围。但 ATE 测试并非测试出每个参数的准确边界，也就不能保证所有芯片参数边界的具体数值都一致。所以在使用芯片时应避免超过芯片手册规定范围，并在硬件电路设计和时序参数设计上都留有一定裕量。

5. 器件可靠性

1）器件失效浴盆曲线：浴盆曲线是指产品从投入到报废为止的整个寿命周期内，其可靠性的变化呈现一定的规律。如果将产品的失效率作为产品可靠性的评价指标，它是以使用时间为横坐标、以故障率为纵坐标的一条曲线，曲线的形状通常呈两头高、中间低，所以称为"浴盆曲线"，如图 4.3 所示。浴盆曲线具有明显的阶段性，失效率随使用时间变化分为三个阶段：早期失效期、偶然失效期和耗损失效期。

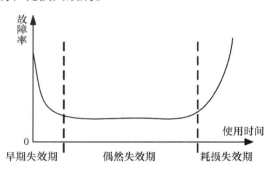

图 4.3　浴盆曲线

2）器件可靠性是个综合性的复杂问题。当前，对有高可靠性要求的器件增加器件老化筛选环节，是提升可靠性的必要手段。目的是使出厂的产品芯片经历早期失效期，处于低故障率的偶然失效期。

4.2 片内部件使用与优化

处理器的内部组成部件从结构和功能上大致可分为三类：处理器流水线和运算单元、片内部件（Cache、DMA、片上存储器、中断等）、外设接口（DDR、SRIO、PCIe、GMAC、EMC、SPI、IIC、UART、GPIO、定时器等）。处理器硬件调优方法一般指那些与硬件特性相关但无须更改电路板设计的方法，包括优化使用 Cache、预取、DMA、中断等芯片内部硬件资源，减少无效的流水线空转或等待时间等。当条件允许时，还可以提升处理器主频，以及提升外部存储器接口（如 DDR）频率等。处理器硬件调优方法还包括面向 I/O、访存以及数据通路进行设计和优化。下面进行简要介绍。

4.2.1 Cache 原理及使用

Cache 是处理器片上缓存器，可以缓存程序使用的指令和数据。Cache 存储的数据由硬件完成数据搬移，一般不提供软件直接访问的地址（但部分处理器为了方便程序员调试，允许通过 IDE 界面访问 Cache 内部数据）。Cache 解决的问题是存储墙。存储器的速度、容量和面积是相互制约的指标，容量大的存储器一般速度慢，速度快的存储器一般容量做不大。Cache 部件采用层次化方法解决问题：靠近处理器核心的存储器速度快、容量小；并且为了提供并发访问的高带宽，耗费的面积大些可以承受。

Cache 核心机制是对经常访问的数据在片内建立临时副本，类似书架和书桌的关系，如图 4.4 所示。

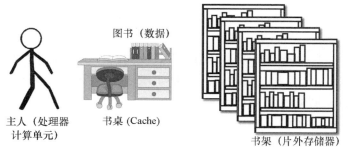

图 4.4 Cache 机制示意图

最常用的图书（数据）应该从书架（片外存储器）拿到放在书桌（Cache）上，离主人（处理器计算单元）更近会用着更方便。但书桌面积有限，只能放些常用的书。如果每次从书架上只拿一本书放到书桌，效率也不高，最好是每次拿一批书（一个 Cache 行）。由于信息的最大特点是低成本无损复制，因此搬书其实是复印了个副本书放到书桌上，书架上的主本书还在。主人读书要在书上写读书笔记（有输出），写了字的副本书（脏数据）还得送回书架上替换主本（写回），否则信息就丢失了，其他人需要时也无法读到。如果书架上的书更新了，比如出版社发来一个新版本，书桌的副本书就可能没用了（作废）。如果再需要读时，应该从书架上重新搬过来读新书。

选哪些书一块放在书桌上（命中原则）？Cache 使用了时间和空间局部性原理：时间局部性指刚被访问过的数据最有可能再次被访问（所以数据都先放在 Cache 里以备再用）；空间局部性指刚被访问数据的相邻地址数据最有可能被再次访问（所以每次读一个 Cache 行的数据，效率也高）。

书桌上放不下时哪些副本书要放回书架（替换原则）？Cache 一般都使用最近最少使用原则，记录每个 Cache 行最近被访问的次数，有新数据读入、需要替换已缓存时，将最近最少访问的那个 Cache 行内容替换出去（脏数据写回）。副本书在书桌上被看过之后，如果发现没有做笔记就不用搬回书架了，书架上有主本；如果有做笔记（脏数据），则要搬回书架，替换主本内容；如果书架为多人共享的，书架上的主本书也可能被别人更新，此时读者就要及时去取，替换自己的副本书。

主本和副本都可能各自更新但同时要保持对方的书及时更新一致，称为 Cache 一致性。如果书架是自己独享的，就不存在 Cache 一致性的问题。对存储的程序指令来说，一般不允许处理器在运行中更改自身程序，所有指令被 Cache 单向访问，没有脏的情形和写回的需求。但当系统功能中有外部程序更新时，如二次自举或二次加载，需要对指令 Cache 进行清空操作，才能保证读取全部新程序。

采用一个简化模型来说明 Cache 一致性问题。该模型将处理器系统简化为 CPU 核、内存和 I/O 三部分，分析如下：无论单核还是多核处理器系统，如果某内存空间有且仅有某一个 CPU 核才能访问，则该内存空间无须维护 Cache 一致性。多核交互用的共享数据空间，需要维护多核 Cache 一致性。方法是主动对脏数据进行 Cache 写回，或是不允许共享数据所在地址段进入 Cache。由 CPU 核指令读写实现的 I/O 操作，需要维护 Cache 一致性。方法是

I/O 操作后主动对 Cache 写回，或是不允许 I/O 地址空间数据进入 Cache。有 DMA 参与的访存操作，需要维护 Cache 一致性。方法是主动对 DMA 要读源地址空间进行 Cache 写回，对 DMA 要写入的目的地址空间作废（以便 DMA 写入后，CPU 核能读到新数据而不是之前在 Cache 中缓存的数据），或是不允许 DMA 地址空间数据进入 Cache。所有不允许进 Cache 的方法，都可能造成处理器核的数据操作效率严重降低。

当前处理器设计中，包括 Cache 一致性协议在内的多数 Cache 操作都是硬件自动完成的，无须程序员参与。多核通用处理器为了降低程序设计难度，一般都设计有复杂电路机制，实现硬件自动维护 Cache 一致性协议。嵌入式处理器一般无法承受那么大的硬件开销，并且常用手工深入定制优化技术，因此可以交由程序员主动维护 Cache 一致性协议。

当需读书数量过多，书架容量不够用时，可以增加多级 Cache 解决。一级 Cache（L1）一般分为指令 Cache 和数据 Cache，容量一般在 4 ~ 32 KiB，都要求做到与处理器流水线同频，可以做到无延迟访问。二级 Cache（L2）一般是指令和数据混合 Cache，部分嵌入式处理器对 L2 还提供可配置功能，如配置容量或配置为片内 RAM 使用。L2 容量一般比 L1 大几倍，如 64 KiB ~ 4 MiB。部分大型处理器还有 L3 Cache。

以上描述的 Cache 工作机制是目前工业界所采用的主流方式，实现硬件开销低、效率也非常不错。也有很多对新 Cache 机制的研究。设计有程序员可见的 Cache 部件操作主要有 Cache 使能、Cache 容量设置、Cache 作废、Cache 写回、Cache 冻结等。

1）Cache 使能：是否允许 Cache 工作；或是允许某些地址空间的数据进入 Cache。

2）Cache 容量设置：允许改变 Cache 容量，以便更好地匹配应用。不设置为 Cache 的 RAM 空间可以用来做程序员可直接地址访问的 RAM 使用。

3）Cache 作废：把 Cache 脏数据写回下一级存储器，同时 Cache 中的数据也被清空，后续使用需要再次从外存中读取。支持 Cache 全部作废或部分作废（设置相应起止地址和长度），可以针对某地址空间的精准操作，提高 Cache 使用效率。

4）Cache 写回：把 Cache 脏数据写回下一级存储器，但 Cache 中的数据保留，后续可以直接使用。支持 Cache 全部写回或部分写回（设置相应起止地址），可以针对某地址空间的精准操作，提高 Cache 使用效率。

5）Cache 冻结：部分处理器支持 Cache 冻结操作，可以避免 Cache 抖动。

基于 Cache 的性能优化主要包括对指令 Cache、数据 Cache 和 Cache 抖动的优化。

1）指令 Cache：也称为程序 Cache。一般记为 Instruction Cache（ICache）或 Program Cache（PCache）。一级指令 Cache 一般记为 L1P。指令 Cache 无须维护 Cache 一致性，使能指令 Cache 对多数应用程序可以大幅提升运行性能，一般都建议使用该功能。Cache 利用了指令运行的局部性来提升性能，因此当指令序列缺少局部性时效果不佳。如一个很大循环程序具有以下特征：代码长度超过 L1P 容量，内部没有循环体即没有需要重复访问的指令，还有大量分支也很难顺序执行指令。这种情况下 L1P 在不停地读入新 Cache 行，又不停地替换出去，每一行只用了少量指令，L1P 就很难发挥性能。一般优化方法是通过调整程序结构和处理方式，尽量让程序指令能够长时间驻留在 L1P 中并被反复使用。具体措施是将大循环体拆解成多个小循环体，让小循环体指令长度满足 Cache 容量，最终减少 Cache 行替换。

2）数据 Cache：在使用上比指令 Cache 要复杂。当多核共享数据量或访问量不大时，介绍一种简化的数据 Cache 使用方法：区分程序的私有数据（堆、栈、数组、全局变量等）、多核共享数据、I/O 数据，分配合适的地址空间；私有数据地址空间允许进 Cache；多核共享数据空间不允许进入 Cache；由 DMA 访问 I/O 数据，在每次 DMA 操作前，进行 Cache 部分写回操作（针对该 DMA 访问的地址段）。

3）Cache 抖动：启用 Cache 对程序性能的提升比较明显。视应用而异，一般可将性能提升至原来的 3 ~ 10 倍。但偶尔会出现数据访问模式恰好与 Cache 替换机制冲突的情况，则可能比不使用 Cache 效率还低。以某单路相连的指令 Cache 为例，当出现交替访问函数地址段恰好映射到 Cache 同一个地址行时，该地址行出现频繁替换而 Cache 其他空间空闲的状态。此时可以在配置文件中手工调整指令地址位置，使其映射到 Cache 不同地址行，即可避免 Cache 抖动的情况。

4.2.2　DMA 原理及使用

DMA 部件能够替代指令主动完成数据搬移工作，可以节约处理器计算资源，是高性能嵌入式处理器高效运行的必要支持。一般复杂处理器的每个处理器核会设计有核内 DMA，核间会有全局 DMA，重要高速接口（如 SRIO、PCIe）也有自己的 DMA。在功能方面，有运行时可链接执行多次的增强 DMA，也有快速启动低延迟的 DMA 等。DMA 可用来同时搬移多来源、多目的的批量密集数据，也可用于周期搬移低速设备的少量 I/O 数据，以避免打扰 CPU 核计算、节约处理器资源。

芯片中的 DMA 数据通路可分为两种：物理通道和逻辑通道。物理通道通常是由总线或片上网络实现的真实连线数据通路。由于片内硬件布线资源的限制，物理通道数有限，每个通道的数据线宽度也有限。为了满足多主机发起多种 DMA 的需求，硬件上会设计数量众多的虚拟逻辑通道，每个逻辑通道相当于一个能够自动运行的 DMA 传输请求。打个比方，物理通道类似于城市实际道路，逻辑通道类似于可以设置起止点的公交线路，每次 DMA 传输相当于发送了一辆公交车。每条城市实际道路可以并行设置多条公交线路，一条公交线路内的公交车是串行发送的；不同公交线路的公交车可以并发启动，但当竞争同一条城市实际道路时，硬件进行仲裁后依次串行行驶。

应注意，各种 DMA 操作的地址范围可能不同，带宽和优先级也可能不同，应综合优化使用。当多个 DMA 同时访问某个接口并出现竞争现象时，硬件会仲裁处理，自动保证数据传输的正确性。但程序员应关注各 DMA 分配带宽和延迟的差异。

DMA 在系统优化中最重要的功能是隐藏访存延迟：能够把流水线所需的数据提前准备到位，并在计算后自动把处理结果传输出去，使数据传输与处理器核计算并行进行，同时避免对处理器核的干扰，让处理器核集中持续做好计算任务。在 4.2.5 小节给出一个使用 DMA 的综合应用实例：介绍了 DMA 使用中容易出现的问题，如冲突等降低效率等；展示了如何调试发现 DMA 传输问题，并给出了解决问题的优化方法。

4.2.3　存储器优化使用

1）存储器从所在位置分，可分为片内存储器和片外存储器。高性能片内存储器一般会设计为多个存储体，并有多个读写端口，能够提供极高的带宽和低访问延迟，也容易支持多端口访问，但芯片面积使其容量受限。片内存储器也会存在设计限制：如果处理器内核主频很高，片内存储器只能工作在处理器主频的一半甚至更低。片外存储器一般访问延迟大，并发带宽有限，速度有快有慢，但容量容易做大。

2）存储器从类型分，有 SRAM、非易失性存储器、动态随机存取存储器（Dynamic Random Access Memory，DRAM）等。

a. SRAM 有同步突发式静态随机存取存储器（Synchronous Burst Static Random Access Memory，SBSRAM）、异步静态随机存取存储器（Asynchronous Static Random Access Memory，ASRAM）等。SRAM 内部结构简单，访问带宽与数据地址是否连续无关，即对随机地址访问效率也相同。同等条件下，SBSRAM 是 ASRAM 速度的 3 倍以上，但对接口时序的要求也更加严格。

b. 非易失性存储器有 E^2PROM、FLASH、PROM、铁电存储器等。通常读速度比 SRAM 慢，擦除和写速度更会慢数个数量级。

c. DRAM 是目前主流存储器，种类多，包含 SDRAM、DDR2、DDR3、DDR4、DDR5 等。DRAM 速度快、带宽高，但接口控制器复杂，功耗高。对连续地址访问效率高，对随机地址访问带宽急剧下降。

3）存储器使用优化注意事项。

a. 存储器使用优化需要综合考虑以下因素：峰值带宽、延迟、并发访问带宽、容量、连续访问和间隔模式下的效率、存储体与端口数、访问优先级等。

b. 对频繁使用的数据（如栈空间）应放在低延迟的片内存储器中。

c. 利用不同存储器在不同访问模式下会有效率差异。如对矩阵转置操作，由于涉及不连续地址访问，直接在 DDR 中操作可能还不如搬移到片内 SRAM 转置后再搬出速度快。

4）不同处理器核以及不同 DMA 对某一存储器并发访问时，一般都由芯片硬件保证并发一致性和正确性，硬件会通过仲裁和队列缓冲等机制将并发访问按先后次序执行。但需注意读写一致性：

a. 不同核对同一地址的同时读，都能读到正确值。

b. 不同核对同一地址的同时写，不能保证写入顺序。

c. 不同核对同一地址的同时读写，不能保证读写顺序。

d. 不同核对不同地址的同时读、同时写、同时读写，都能保证正确操作（当有 Cache 时，应保证在不同 Cache 行）。

e. 同一核对同一地址的连续读或连续写操作，能够保证先后顺序。

f. 同一核对不同部件地址的两个连续写操作，有可能后发出的"写"操作先到达。如果需要保证"写"顺序，可以使用同步指令（如 Mfence），或在第一个

"写"发出后，对同一地址再进行一次"读"操作，然后发出第二个"写"。

4.2.4　其他部件优化使用

1. 中断

1）中断服务程序中不易执行过多程序，也不应执行 printf 语句。

2）如果中断服务程序执行时间过长，又未允许中断嵌套，容易出现在中断执行过程中丢失新中断请求的情况，也可能影响程序的实时性。

3）如果中断时需要处理内容少，可以在中断服务程序内直接处理；如果处理内容多，可以设置标志量，当切换回主程序后再执行，以保证系统的实时性。

2. 多核同步与交互

1）在多核处理器中，一般会提供硬件支持的多核同步功能，如栅栏、信号灯等。使用硬件机制进行核间同步，会比软件共享变量方式效率更高。

2）硬件交互机制一般会保证交互操作的原子性，如"读—写"操作不会被其他核打断。

3. 数据预取

部分芯片内部采用专用硬件电路，对程序数据访问规律进行预测，进而将可能访问的数据提前读取出来。数据预取功能一般不需要程序员干预，可以简单地通过打开或关闭来测试对程序的整体提升性能。

4. 分支预测

芯片内部采用专用硬件电路，对程序分支指令运行规律进行预测，进而将可能访问的指令（最可能的分支路径）提前读取出来。分支预测功能一般不需要程序员干预，可以简单地通过打开或关闭来测试对程序的整体提升性能。

4.2.5　存储调优实例

1. 可视化分析多核程序行为

程序分析与调优一般遵循以下流程：

1）分析程序总体运行结构。

2）单核内部的性能优化：针对频繁执行的代码段进行算法优化、针对访存流水线阻塞比例高的代码段进行存储优化。

3）多核范围的性能优化：多核同步优化、多核数据传输优化。

本节着重研究与多核分析调优相关的关键步骤。以某四核 DSP 中实现 2D-FFT 算法为例。四个 DSP 核分别为 DSP1、DSP2、DSP3、DSP4。四个核各自有独立的片外存储器，核间通过一种"核→核"的包传输机制（称为 Qlink）实现数据交换。实现 2D-FFT 算法时需调用一维 FFT 计算。该一维 FFT 计算通过调用手工优化的算法库实现，并无更多优化空间。

通过片上 trace 调试或软件插桩方式可以获得各核程序的执行路径以及时间戳，可采用可视化的方式输出。图 4.5 给出以函数为单位显示的 DSP1 核程序执行路径，其中_r2_fft 是一维 FFT 计算函数。从图 4.5 中可清晰获得 2D-FFT 程序的整体执行过程，引起执行路径变化的错误也很容易被定位。若各核的计算负载不均衡，也容易根据各 DSP 核的有效计算时间（如此处的_r2_fft函数运行时间）重新进行任务划分和分派。

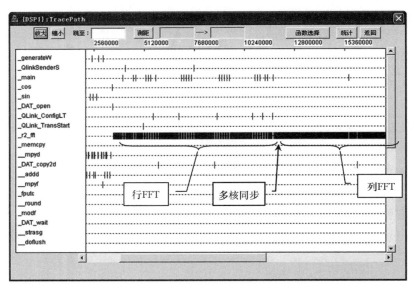

图 4.5　DSP1 核程序执行路径

查看多核同步点的程序执行，发现 DSP1 和 DSP4 的"行 FFT"执行时间比 DSP2 和 DSP3 短约 30 000 Cycle，因此造成 DSP1 和 DSP4 的大量时间耗费在同步等待中，如图 4.6 所示。

细致分析"行 FFT"中各 DSP 核的执行时间，发现在各核程序的 256 次

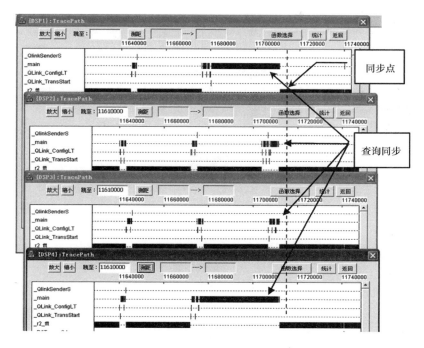

图 4.6　多核程序的同步点

循环过程中，各_r2_fft 函数的执行时间都基本稳定，但完成数据传输的代码段的执行时间（即连续两次_r2_fft 执行的间隔部分，简称间隔时间 $T\_Interval$）有较大差异。以 DSP1 和 DSP3 程序的第三次循环过程为例，通过仔细查看程序运行执行路径图，易知运行时间的差异主要来自等待 Qlink 传输完成的两处代码，如图 4.7 所示。

深入分析"行 FFT"阶段单个 DSP 核处理单行数据所需的数据传输过程，发现共有四种类型八次传输，分属两个 DMA 执行队列（Q_1 和 Q_2），如图 4.8 所示。其中，DMA_R_0R_1 传输将待处理的一行数据从外存（R_0）搬入内存（R_1），DMA_R_1R_0 将 1/4 行结果数据返回至片外，三次 Qlink_R_1Q_0 传输依次将另 3/4 行数据分发至其他三个核。Qlink_Q_1R_0 传输由相应的源 DSP 核的 Qlink_R_1Q_0 传输触发，三次 Qlink_Q_1R_0 依次接收其他三个源 DSP 核发送的数据并写入片外存储器。同类型的传输只能串行进行；不同类型的传输可并行进行，但由于都通过 DMA 实现，因此传输时间会延长。

通过在 DMA 启动和结束的代码处进行软件插桩，记录了 Q_1 和 Q_2 两个

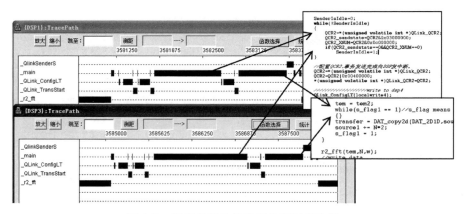

图 4.7　数据传输的代码段执行时间比较

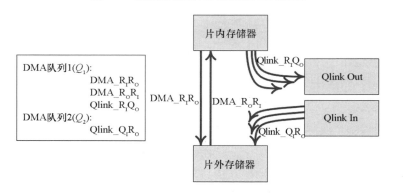

图 4.8　单 DSP 核处理单行数据时的数据传输过程

DMA 队列中所有传输的起止点。由此获得详细的数据传输过程，如图 4.9 所示。由于竞争 DMA 资源导致的传输延迟由虚线圈标出。由于竞争同一个物理数据通道导致的传输串行化延迟由实线圈标出。用户可以分析造成传输延迟的每一处细节原因。

2. 调优实现

统计"行 FFT"中全部的 *T_Interval* 时间，如图 4.10 中 DSP-org 部分所示。各核的 *T_Interval* 只在前 56 次有较大差异，而后仅有周期性的微小抖动。该现象是多个数据传输事件竞争物理数据通道和 DMA 资源造成传输延迟所致，而该延迟增加到一定程度后，各核执行数据传输的时刻已有适当间隔，因此传输延迟趋于稳定。

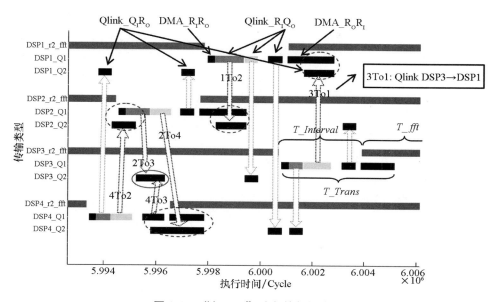

图 4.9 "行 FFT" 阶段的数据传输

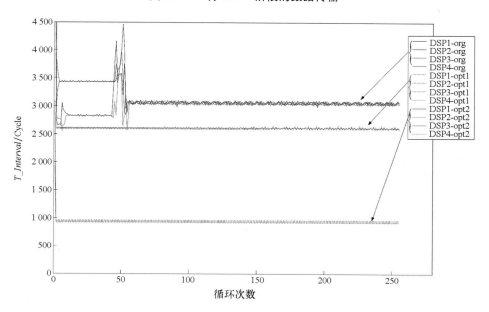

图 4.10 数据传输代码执行时间 *T_Interval*

设 DSPi 中第 j 次 _r2_ fft 函数执行时间为 T_fft_{ij}，两次 _r2_ fft 的间隔时间为 $T\_Interval_{ij}$，数据传输时间为 T_Trans_{ij}，如图 4.9 所示。由于无输出缓冲，_r2_ fft 需等待 $DMA\_R_1R_0$ 和 $Qlink\_R_1Q_0$ 传输完成后才能进行，因此传输引起的 T_Trans_{ij} 增加会导致 $T\_Interval_{ij}$ 增大。从首个 _r2_ fft 开始执行至同步点的"行 FFT"总时间耗费为：

$$T\_LineFFT = \max_i \left(\sum_{j=1}^{N/4} T\_fft_{ij} + \sum_{j=1}^{N/4} T\_Interval_{ij} \right) \qquad (4.1)$$

经过以上分析，提出两种优化方案：

1）Optimized_1（opt1）：依次延迟启动各 DSP 核的"行 FFT"代码段执行，可使各 DSP 核的数据传输时段依次延后而互不重叠，由此可保证 T_Trans_{ij} 为 DSPi 单独运行时的最小数据传输时间。该方法需保证 $\sum_{i}^{4} T\_Trans_{ij} < \min_i (T\_fft_{ij})$，$j = 1, 2, \cdots, \dfrac{N}{4}$。此时"行 FFT"总时间耗费为：

$$T\_LineFFT = \sum_{i=1}^{3} \max_i (T\_Interval_{ij}) + \sum_{j=1}^{N/4} (T\_fft_{4j} + T\_Interval_{4j}) \qquad (4.2)$$

2）Optimized_2（opt2）：在原有输入缓冲基础上增加输出缓冲机制，每次 _r2_ fft 执行前则无须等待 $DMA\_R_1R_0$ 和 $Qlink\_R_1Q_0$ 传输完毕。因此 $T\_Interval$ 减少至程序发出传输请求的时间。此时"行 FFT"总时间耗费仍为：

$$T\_LineFFT = \max_i \left(\sum_{j=1}^{N/4} T\_fft_{ij} + \sum_{j=1}^{N/4} T\_Interval_{ij} \right) \qquad (4.3)$$

优化后各次 $T\_Interval$ 的变化也于图 4.10 中给出，总运行时间比较由图 4.11 给出。

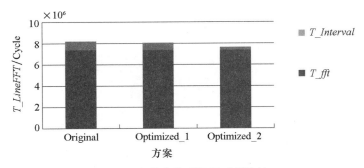

图 4.11   优化前后运行时间比较

4.3 软件实时处理框架与插桩

当未使用操作系统支持时，嵌入式实时软件开发需要程序员来保证清晰的软件结构和处理流程。一般来说，以处理器为核心的信息处理系统大致可分为三阶段任务：输入（接收消息、中断触发、周期性主动触发）、处理（更新状态机、完成计算和处理）、输出（发送消息）。本节对一种无操作系统支持的实时软件设计框架进行简要介绍。

4.3.1 软件实时处理框架

1. 系统时钟

为了满足多个实时任务并发执行的需求，实时软件中会设置一个系统时钟（tick），该时钟与处理器主频不同，是专为软件任务执行所设。视系统的实时性要求，tick 周期一般在 10 μs ~ 10 ms 范围。如果 tick 周期太短则会频繁打断计算任务，造成较大中断开销；周期太长则会降低处理的实时性，增大响应延迟。

系统时钟的具体实现方式一般是通过定时器中断实现。通过芯片主频和定时器分频数计算出定时器的计数周期。当计数到达该周期时触发定时器中断（如 1 ms），在中断服务程序设置 tick 计数变量自增。

可以为每个任务设置一个触发其执行的系统时钟 tick 数，如 A 任务设为每经过 10 个 tick 执行一次。当有多个任务时，每个任务只由其触发条件（接收输入消息、中断、tick 数）启动。整个系统各任务的最大延时也方便计算，即同一 tick 中可能启动的所有任务执行时间之和。

2. 主程序流程

一种典型的软件实时处理的主程序流程如图 4.12 所示。该软件的主程序流程包括：

1）初始化，设置 tick。

2）接收消息，按消息类型分别进行协议处理，设置状态变量。

3）状态机处理：以状态机当前状态及接收消息作为触发条件切换状态机。

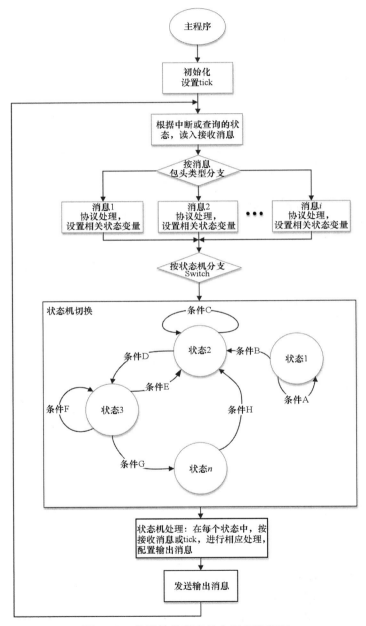

图 4.12 典型软件处理的主程序流程图

4）根据状态机状态、接收消息或 tick，处理消息执行计算任务。

5）发送消息：按状态机状态和状态变量，处理对应协议字，向 I/O 设备发送消息。

6）等待触发条件（中断或时间 tick）。

在附录 2 中给出状态机处理部分的例子代码。

3. 中断处理

在该典型软件实时处理流程中，中断处理方式如下：当中断触发后，程序 PC 指针跳转到中断向量表中的对应地址，继而调用中断服务程序处理中断信息，设置状态变量，如图 4.13 所示。如果任务处理的时间短，可以在中断中处理，否则尽量在主程序中处理，避免中断服务程序执行时间过长，影响对其他中断的响应。

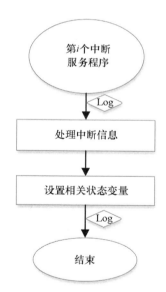

图 4.13　典型软件处理的中断流程图

一般来说，应减少全局状态标志的使用（除了中断与主程序通信所需的必要状态变量），而应通过状态机实现对复杂控制过程的切换和处理。特别注意中断与主程序的执行关系。中断服务程序中如果有打印输出（printf）语句或阻塞式的低速外设通信，会导致中断执行时间不可控。如果中断的时间过长，则可能会丢失后续新中断请求，造成各种异常。

4.3.2 软件插桩调试信息

系统的实时性首先是依靠设计来保证的，但同时也必须有手段能够记录系统的真实运行状态（包括事件及其时间戳），以便确保运行完全符合预期，没有潜在执行异常。

对有硬件追踪功能（如片上 trace）的处理器，可以通过该硬件机制非入侵地记录系统运行状态。当没有硬件支持时，也可以通过轻量级手工软件插桩（Software Instrument）追踪信息实现。软件插桩用来记录核心处理事件的时间和关键变量，并编码记录在追踪信息数据（Log）中。追踪信息数据可以保存在处理器存储器开辟的专用追踪空间（Trace Buffer）中。当 Trace Buffer 空间记录满时，可以选择循环覆盖写入或停止记录。通过调试接口，运行在调试主机中的软件可以读取这些 Log 数据，并进行分析。Log能准确记录和监控整个程序的运行状态，确保处理不超时，并能测量出时间裕量。

本书提供了一个软件插桩的例子，包括单次记录和长时追踪记录两种方式。具体过程和例子代码如下。

1）单次记录：设置一个小规模数组，记录指定多个程序位置点的时钟周期数。每次记录时会覆盖前次数据。

【预定义】

```
//在头文件或程序开头定义相关常量和变量
#define CpuFrequncyKHz 1000000.0 //当 CPU 运行在 1GHz 时
#define CpuCycleus((float)0.001)//(1000/1000000)
// TIMER_getCount(hTimer) 为该处理器中能读出定时器周期数的函数
#define GetCpuCycle(TIMER_getCount(hTimer)*8)//当定时器与 CPU
cycle 是 8 倍关系时
#define overhead ((TIMER_getCount(hTimer) – Profile_CurrCycle)*8)
//定义记录周期的数组深度为 40
float Profile_usCnt[40];
//记录单位:us 数
#define Profile_Record_us(_N) \
    Profile_usCnt[_N] = (((GetCpuCycle – Profile_CurrCycle)*CpuCycleus); \
```

Profile_CurrCycle = (float) GetCpuCycle；

【指定代码位置插桩】

//在需要记录执行时间的程序位置处添加 Profile_Record_us（ ）宏定义

While（1）

{

　　…

　　Profile_Record_us（1）；

　　…

　　Profile_Record_us（2）；

　　…

　　Profile_Record_us（12）；

}

　　Profile_usCnt 数组中记录了单次 while 循环里，每个插入 Profile_Record_us 程序位置的执行时间间隔（各个 Profile_Record_us 之间的执行时间间隔，以 us 为单位）。Profile_usCnt 数组在每次 while 循环中都会覆盖前次结果。

　　2）长时追踪记录：设置一个大规模数组，持续记录多次循环的内容。

【预定义】

//在头文件或程序开头定义相关常量和变量

#define RecordDataIndexMax 32000 //定义最大存储深度

VOLATILE float RecordDataMem［RecordDataIndexMax］;//定义 Log 数组

VOLATILE unsigned int RecordDataIndex;//Log 数组当前索引值

VOLATILE unsigned int ProfileFrameStart;//时间戳起始点寄存器

#define GetExeTime_FrameMs（（GetCpuCycle − ProfileFrameStart）∗ CpuCycleus）//定义宏:记录时间戳

#define PushRecordData（_N）{　　　　　　　　　　　　　　　\
　　RecordDataMem［RecordDataIndex］= （（float）（_N））;　　\
　　RecordDataIndex ++ ;}　　　　//定义宏:记录 Log 数值

//在程序初始化处执行对数组索引值的初始化、对 RecordDataMem 数组的初始化（可选）、对时间戳起始点寄存器的初始化

//Initial 程序段中加入:

#ifdef PROFILE_DETAIL

　　RecordDataIndex = 0;

```
        for( i = 0 ; i < RecordDataIndexMax ; i + + )
            RecordDataMem[ i ] = 0x0 ;
            ProfileFrameStart = GetCpuCycle ; //设置时间戳计时起始点
#endif
```

【指定代码位置插桩】

//在程序主体各处加入 Log 插桩语句

```
While( 1 )
{
    …
    #ifdef PROFILE_DETAIL
        PushRecordData( 1001. 0 ) ; //Log 标识字段,可自定义
        PushRecordData( GetExeTime_FrameMs ) ; //记录时间戳
        PushRecordData( ( float ) key_var ) ; //记录关键程序中变量,程序
员自行指定
    #endif
    …
    #ifdef PROFILE_DETAIL
        PushRecordData( 1028. 7 ) ; //Log 标识字段,可自定义
        PushRecordData( GetExeTime_FrameMs ) ; //记录时间戳
    #endif
    …
    //在程序中要定期检查 Log 数组是否将要溢出( 200 是经验值)
    if( RecordDataIndex > = RecordDataIndexMax − 200 ) )
        RecordDataIndex = 0 ;
}
```

当程序执行完毕后，RecordDataMem 数组中记录了所有插桩数据。可通过 IDE 的存储器内容批量导出功能存成数据文件，再经由如 Python 等工具实现数据处理或可视化，完成对数据的分析工作。

4.4　软件性能调优

嵌入式处理器计算性能不足时，通常表现为程序执行时间超过规定范围。此时可采用硬件或软件方法进行以性能优化为目标的调整优化。与对故障的调试对应，将此简称为调优。

调优的核心目标是：整个系统的"计算 + 数据流"实现了硬件性能的最佳状态，或者说达到瓶颈状态。具体来说：应使处理器有效性能尽量接近峰值，即计算部件都尽量达到满负荷工作状态；但如果是数据密集任务，往往是访存或 I/O 首先达到满负荷工作状态。

从软件角度看，软件调优的重点可用"二 – 八原则"描述：20% 的代码往往消耗了 80% 的执行时间。因此应先对整个应用软件的运行过程进行执行时间剖析（Profiling）：对所有函数或核心循环代码，按照执行时间进行从大到小的排序，而后优先对占用时间长的函数或循环进行优化。

软件调优的目标是使所有运算单元都满负荷运行，即达到最大计算并行度；使流水线满负荷运行，即减少流水线阻塞（Stall）。可通过在集成开发环境中直接查看编译之后的汇编指令码（反汇编窗口）确认优化效果。因此程序员应充分了解所用处理器的指令集、计算单元、流水线等体系结构信息，以便能向指令组合更优、计算单元并行度更高、流水线更加充满的优化状态努力，更接近给定算法在处理器芯片中的性能峰值。

将软件调优方法分为三个层次：算法层优化、代码层优化和编译层优化。

1. 算法层优化

算法层优化需要算法设计师甚至是系统设计师参与，如采用更优化的排序算法、调用更小点数的 FFT 计算函数，或是采用查表法替代直接计算。若允许接受计算结果的微调，增加对算法的调整空间，可能对性能有更大提升。如在深度学习算法中，常用 int16 或 int8 数据类型代替 float（浮点 32 位）类型；在有精度要求的浮点运算中，可能不需要全部计算都采用高精度浮点类型，而是仅在必要的高精度运算时使用 double（浮点 64 位）类型，而对大部分计算仍使用 float 类型。当然，这些措施都需要仔细评估代价，确保优化后的计算结果仍在系统可接受的范围内。

2. 代码层优化

代码层优化，是要在保持计算输出数值完全不变的情况下进行代码优化，即优化前后的代码在功能上是完全等价的。此层次的优化可以不考虑算法实际功能，通常不会改变运行结果或降低精度。对代码等价调整具体方法包括：提取不变计算量到循环体外、循环展开、数据打包处理（对多个短字长数据使用一次宽字长的存储器访问）、利用硬件流水或软流水功能减少流水线阻塞（Stall）和循环开销、利用硬件的内联函数调用专用指令（如专用乘加指令）、利用硬件的单指令多数据流（Single Instruction Multiple Data，SIMD）并行计算多个数据等。

当使用算法库时，如 OpenCV、BLAS、VISPL 等，应关注该算法库是否针对处理器体系结构进行过优化。优化后算法库的性能可能有数量级的提升。

3. 编译层优化

编译层优化包括编译器优化、使用线性汇编和使用手工汇编等。使用编译器进行代码优化是容易使用的方法，包括使用编译开关和对编译器指导等。编译优化等级通常从 –O0 ～ –O3。–O3 级别是最激进的优化方法，在部分代码风格下可能造成程序执行结果异常，需谨慎使用并充分验证。多数开发环境支持针对每个源码文件设置不同优化等级，所以可以仅对计算量大的源码文件进行高等级优化。

软件调优时也应考虑使用不同的编程语言或编译器版本。如 C++ 语言因为调用层次多，往往没有纯 C 语言性能高。Python、Java 等是解释型高级语言，与 C 语言相比可能有数量级的性能下降。业界重要工具软件很多都是使用 C++ 和 C 语言开发。另外，不同编译器的版本，对优化结果也有不同的影响。

一般来说，各个编译优化等级的措施如下：

1) –O0 级别：

a. 简化控制流图；

b. 将变量从存储器分配到寄存器；

c. 进行循环旋转；

d. 删除未使用的代码；

e. 简化表达式和语句；

f. 内联声明为 inline 的函数。

2）－O1 级别执行所有－O0 级别的优化，新增以下优化措施：

a. 执行局部复制常量传递；

b. 删除未使用的赋值语句；

c. 删除局部的共有表达式。

3）－O2 级别执行所有－O1 级别的优化，新增以下优化措施：

a. 进行软件流水线；

b. 进行循环优化；

c. 进行循环展开；

d. 删除全局共有子表达式；

e. 删除全局未使用的赋值语句；

f. 将循环中的数组引用转换为递增指针形式。

4）－O3 级别执行所有－O2 级别的优化，新增以下优化措施：

a. 删除所有未使用的函数；

b. 当未用到函数返回值时，简化函数的返回形式；

c. 使用内联方式嵌入代码量少的函数；

d. 重新对函数的声明进行排序；

e. 当所有函数调用都传递相同的参数时，将该参数直接放入函数体内部，不再通过寄存器/存储器的方式传递该参数；

f. 识别文件级别变量的特征。

4.5　嵌入式处理器系统故障树

嵌入式系统的核心是嵌入式处理器。嵌入式处理器是以集成电路为核心的复杂电路系统。它体积虽小，却能驱动内部无数电子微观运动完成复杂的宏观功能，是人类庞大现代工业体系协作产出的智慧结晶。

如果考虑芯片研制和生产，嵌入式处理器系统的整个研制流程和环节繁多。主要包括：芯片体系结构设计，芯片逻辑设计，芯片物理设计，芯片流片生产，芯片封装，芯片筛选测试（包括逻辑功能、电特性、高低温、老化等），板级装焊，板级电路环境（电源、时钟、复位等），板级互连器件和电路，调试开发系统（调试主机、集成开发环境、仿真器），板级驱动软件，板级测试，操作系统及中间件，算法库，应用软件，系统调试，整机测试等。

基于以上核心流程和环节，整理出嵌入式处理器系统的通用故障树，如图4.14所示。应注意故障树的底事件应依据具体问题而定，参考定位目标在适当的层次上进行分解。

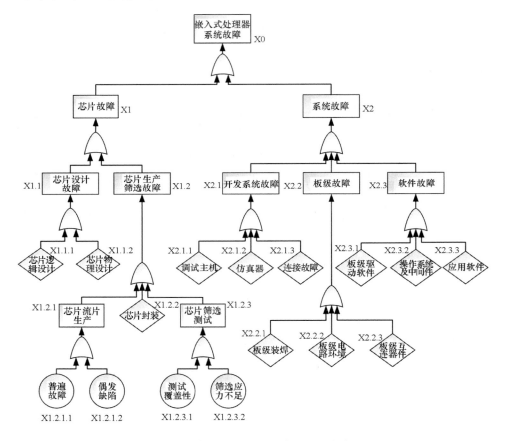

图 4.14   嵌入式处理器系统的通用故障树

利用故障发生的统计特征和典型变化特征，可以对典型故障分支进行快速分析和判断。

1）对故障系统应掌握"使用情况信息"。具体包括：使用芯片的型号和批次，采购时间和应用数量，使用产品手册和驱动的版本；应用产品在什么阶段，是研制还是批产；有多少块板卡，故障出现比例如何等。但如果在研制阶段恰好只做了 1 块板卡，则确实不易故障定位，所以应在硬件成本与调试成本之间通盘考虑。

2）发生芯片设计故障时，通常是在不同单机系统中的所有芯片都能复现故障，不随板级环境而变化；并且在芯片设计单位的模拟环境中也能复现。

3）当发生芯片个体故障时，通常从电路板上解焊故障芯片，更换为好芯片则故障消失，并且将解焊故障芯片更换到无故障板卡上板卡出现故障。即故障随着芯片走。

4）对芯片早期失效故障的判别，则关注芯片之前是否正常运行过，是首次测试即出现故障还是使用过程中出现故障。

5）芯片静电释放（Electro-Static Discharge，ESD）失效故障通常伴随着管脚电特性（如漏电流）发生变化或发生功能失效。

6）流片个别生产故障通常是由筛选测试时测试覆盖不够导致，通常筛选复测也不能发现。也有个别情况是由筛选环境的应力不足导致，如环境温度未达到测试要求。

7）封装的批次性故障通常在芯片厂家测试时就容易发现，不会流入用户手中。

8）封装的个例故障主要与部分管脚短路或断路有关，通过电特性测试、芯片开盖和 X 光分析相对容易发现。如管壳发生微弱短路，也会存在电源电流偏大现象。

9）板级装焊故障有时会受板卡按压变形、温度变化或震动测试的影响，外观上也可能有明显差异。通常重新回流焊故障会消失。

10）管脚功能故障（如 ESD 损坏或装焊）会对该管脚的相关宏观功能有显著影响。如果管脚故障发生在地址线或数据线中，则会有明显数据访问出错规律：如某些地址固定错或某个数据位固定错。

11）涉及板级电路环境和互连器件的故障现象多种多样，通常伴随着处理器行为异常和软件行为异常，有时较难直接定位。

12）软件故障的典型特征是使用了某软件版本的每块电路板都存在故障。

13）开发系统故障一般会伴随整机调试和软件开发出现。由于调试主机（PC 机）、仿真器和 IDE 工具版本容易更换，易于用逐一替换方法来定位。

第5章　典型案例深入剖析

解决复杂的电路故障，很像亲临一个悬疑故事，抽丝剥茧，最后结果可能令人惊奇。往往会觉得怎么这么简单，当时怎么就没想到。一旦解决，当时的各种怀疑、猜测和焦灼，犹如过眼烟云变得不可追溯。但当时为什么想不到、判断不准，这其实是很宝贵的经验，因为下次可能还是如此。就像小学生的错题本，不复盘、不认真剖析总结就达不到从"经历"到"经验"的效果。而远程交互支持解决问题，则更是隔了一层窗纱。往往到现场发现问题很简单，远程时就是解决不了。

所以，在故障解决的整个流程中，一定要养成做排故笔记的习惯，记下自己当时真实的想法，以便事后更准确地发现自己的思维惯性误区，高效提升排故能力。

总结案例分析的典型过程一般如下：

1）描述现象：描述发现问题的初始现象，是定位问题的开端。

2）整理分析：根据已有概率故障树，收集例行信息，做初步定位。根据第3章介绍的一般调试方法，信息交互，查漏补缺。

3）现场调试：深入分析问题，使用调试方法学控制变量要素，缩小问题范围，与各种手段结合，最终定位问题。再经过机理分析，能够故障复现，解释所有现象，确认定位准确无误，准确描述结论。

4）复盘总结：解决问题后，对调试过程进行复盘总结，更新调试概率故障树。并整理归纳本次排故涉及的相关知识，与嵌入式系统知识库（附录1）对应或补充，并标注掌握难度。

精简排故的"四板斧"为：

1）现象：收集信息，根据问题映射概率故障树。

2）调试：影响要素分析，使用控变要素法，能观能控，消枝定位。

3）定位：机理分析，复现问题，定位结论。

4）总结：积累故障库，复盘元规则，更新知识库索引，更新影响要素。

本章接下来提供了各方面的 10 个经典案例来进行深入剖析。

5.1 案例 1：外部器件适配故障（SRAM）

5.1.1 问题现象

使用某 X 处理器芯片的同一类型测试板卡共三块，标记为 X－1、X－2 和 X－3 号板卡。处理器以异步存储器模式，通过外部存储控制器（External Memory Controller，EMC）接口与片外某型异步 SRAM（简记为 WV）相连接时出现异常。在之前使用中，X 芯片与另一型号 SRAM（简记为 LV）配合使用时工作正常。WV SRAM 与 LV SRAM 是不同公司生产但可以拔插替换兼容的产品。

对三块板卡进行低温测试时发现，在对存储器的某一地址连续读过程中，穿插对该存储器其他地址进行单次写操作，会发生读回数据出错的故障，板卡故障情况如表 5.1 所示。

表 5.1 板卡故障情况

测试板卡	测试温度	故障现象
X－1 号	常温	测试 30 次复现 1 次
	－45 ℃	稳定复现
X－2 号	－30 ℃	偶尔复现
	－45 ℃	稳定复现
X－3 号	－55 ℃	稳定复现

X 芯片配置情况为：

1）处理器主频 200 MHz、EMC 频率为 100 MHz。

2）EMC 配置：

CE0：32 位异步，时序参数配置为最大，接两片 16 bit SRAM 拼成 32 bit SRAM。对应 0x80000000 空间。

CE1：16 位异步，时序参数配置为最大，接 16 bit FLASH。

CE2：8 位异步，时序参数配置为最大，接 FPGA。

CE3：16 位异步，接 FPGA。

3）EMC 的高 16 位数据线只接到了 SRAM。

将故障复现程序裁剪至"最小可复现故障程序"，详情如下：

1）程序栈数据段（stack）放在 CE0 地址 0x800048D8 起始的空间，该地址空间为片外 SRAM。其他数据段放片内 SRAM。循环程序的循环变量 j（函数内定义的 int 型 32 位局部变量）存储地址为 0x801048E0，该地址位于片外 CE0 空间的 SRAM 存储器。

2）对 CE0 地址 0x801EE8BC 起始的空间写 0xA5A5，共写 0x8000 次。程序执行完成后，B10 寄存器的值应等于 0x8000。

3）故障复现时 B10 寄存器小于 0x8000，表明执行出错。在循环结束时设置断点，发现出错原因均为 j 变量的高半字发生读回错误：高半字正常应为 0，若不为 0 则 j 一定大于 0x8000，循环控制判断立即结束循环，此时 B10 寄存器值一定小于 0x8000。

4）在片外 SRAM 看来，该段程序每次循环中的操作为：对 j 变量所在地址的一次"读—写"，数值从 0 自增到 0x8000，对 pAddr 地址的一次"写"，数值固定为 0xA5A5。

具体测试程序如图 5.1 所示，该程序编译时未打开优化开关。

```
int j;
volatile short*pAddr=(short*)0x801ee8bc;
for (j=0; j<0x8000; j++)
{
    pAddr[j]=0xA5A5;
    asm(" add B10, 1, B10");
}
```

图 5.1　测试程序

5.1.2　故障定位

故障现象中的错误数据发生在 EMC 接口的片外 SRAM 中，因此首先从 EMC 接口开始排查。

1. EMC 接口故障定位

基于处理器内在功能与结构分析因果链，指令从片外 SRAM 读数据的主要因果链为：

1）处理器程序执行读入数据指令；

2）读请求通过片内数据通路到达外存接口 EMC 部件；

3）EMC 转化为对应接口协议发送到片外；

4）片外 SRAM 按照协议波形接收读命令返回读数据；

5）EMC 按协议波形接收读数据；

6）EMC 将读数据通过片内数据通路返回读指令；

7）读指令将读入数据写入指定寄存器。

在以上因果链中，核心环节是 EMC 访问片外 SRAM。该环节也是可观测性最有效的环节，方便用逻辑分析仪等设备直观对照波形是否符合双方协议来缩小故障范围。

（1）用逻辑分析仪抓 EMC 信号

使用逻辑分析仪抓取程序运行故障时 EMC 信号如图 5.2 所示。触发机制为信号 A[21:2] 的值为 0x41238 且 D[31:24] 的值不为 0，触发时 $j = 0x686E$。图中包括 3 次循环、18 个片外 SRAM 访问动作，具体过程见表 5.2。

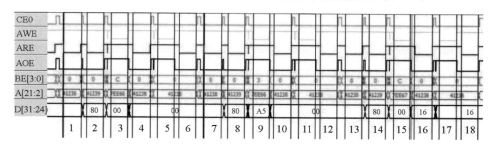

图 5.2　逻辑分析仪抓 EMC 信号

抓取的波形是 3 次循环操作时 EMC 总线行为。前 2 次循环时程序执行正确，第 3 次循环程序执行错误。出错的是第 16 个动作：从 IDE 调试界面观察到地址 0x801048E0 读回 j 的值为 0x16A56870。逻辑分析仪抓取 D 高 8 位（D31 ~ D24）为 0x16。从第 13 个动作可知，正确的 j 值应该是 0x00006870，对应正确时 D 高 8 位应该为 0x00。所以故障是从 SRAM 读回的数据不正确。

表5.2 程序执行过程

循环	序号	程序执行 SRAM 访存动作	EMC 地址线	EMC 数据线	备注
第1次	1	读：从 0x801048E0 地址读取变量 j	0x41238	0x0000686E	CE0 空间程序访问映射地址（0x801048E0）= EMC 地址线（0x41238）<< 2 +0x80000000
	2	读：从 0x801048E4 地址读取到 pAddr 的起始地址	0x41239	0x801EE8BC	CE0 空间程序访问映射地址（0x801048E4）= EMC 地址线（0x41239）<< 2
	3	写：向 0x801FB998 地址的低 16 bit 写 0xA5A5	0x7EE66	0x0000A5A5	执行 pAddr[j] = 0xA5A5；其中 pAddr[j] 地址为：0x1FB998 =0x1EE8BC+0x686E×2；CE0 空间程序访问映射地址（0x801FB998）= EMC 地址线（0x7EE66）<< 2
	4	读：从 0x801048E0 地址读 j	0x41238	0x0000686E	
	5	写：向 0x801048E0 地址写 j + 1	0x41238	0x0000686F	
	6	读：从 0x801048E0 地址读 j，与 0x8000 进行循环次数比较	0x41238	0x0000686F	
第2次	7	读：从 0x801048E0 地址读取变量 j	0x41238	0x0000686F	CE0 空间程序访问地址（0x1048E0）= EMC 地址线（0x41238）<< 2
	8	读：从 0x801048E4 地址读取 pAddr 起始地址	0x41239	0x801EE8BC	CE0 空间程序访问地址（0x1048E4）= EMC 地址线（0x41239）<< 2
	9	写：向 0x801FB998 地址的高 16 bit 写 0xA5A5	0x7EE66	0xA5A5 0000	执行 pAddr[j] = 0xA5A5；其中 pAddr[j] 地址为：0x1FB99A =0x1EE8BC +0x686F ×2；因需按 32 bit 对齐映射,CE0 空间程序访问地址仍为 0x1FB998，EMC 地址线上仍为 0x7EE66

续表

循环	序号	程序执行 SRAM 访存动作	EMC 地址线	EMC 数据线	备注
第 2 次	10	读：从 0x801048E0 地址读 j	0x41238	0x0000686F	
	11	写：向 0x801048E0 地址写 $j+1$	0x41238	0x00006870	
	12	读：从 0x801048E0 地址读 j，与 0x8000 进行循环次数比较	0x41238	0x00006870	
第 3 次	13	读：从 0x801048E0 地址读取变量 j	0x41238	0x00006870	CE0 空间程序访问地址（0x1048E0）= EMC 地址线（0x41238）<< 2
	14	读：从 0x801048E4 地址读取 pAddr 的起始地址	0x41239	0x801EE8BC	CE0 空间程序访问地址（0x1048E4）= EMC 地址线（0x41239）<< 2
	15	写：向 0x801FB99C 地址的低 16 bit 写 0xA5A5	0x7EE67	0x0000A5A5	执行 pAddr[j] = 0xA5A5；其中 pAddr[j] 地址为：0x1FB99C = 0x1EE8BC + 0x6870×2；CE0 空间程序访问地址（0x1FB99C）= EMC 地址线（0x7EE67）<< 2；映射地址（0x801FB99C）= 0x7EE67 << 2
	16	读：从 0x801048E0 地址读 j	0x41238	0x16A56870	
	17	写：向 0x801048E0 地址写 $j+1$	0x41238	0x16A56871	
	18	读：从 0x801048E0 地址读 j，与 0x8000 进行循环次数比较	0x41238	0x16A56871	j = 0x16A56871，因 j > 0x8000 则跳出循环，程序运行结束

（2）同时使用逻辑分析仪与示波器抓 EMC 信号

同时使用逻辑分析仪和示波器抓取故障时 EMC 信号如图 5.3 所示。

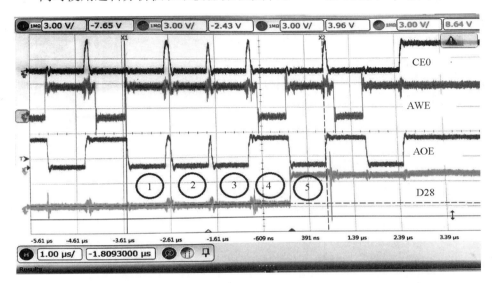

图 5.3　逻辑分析仪与示波器抓取故障时 EMC 信号

1）在第①拍，读地址 0x42138 的值，为 0x00，此时 D28 为 0；

2）在第⑤拍，再读地址 0x41238 的值，为 0x50，此时 D28 为 1（3.3 V）；

3）第②拍到第⑤拍期间，没有对地址 0x41238 的写操作，D28 信号线也没有动作。

通过故障波形图推断是 SRAM 送出数据错误。但因为数据总线 D 是双向信号线，此时还不能完全排除是否是 X 处理器输出了错误数据。因此下面通过将 X 处理器与 SRAM 相连的部分数据线断开来验证推断。

（3）故障隔离

将 X 处理器与 SRAM 之间连接信号线 D30、D28 和 D27 的电阻断开，如图 5.4 所示。而后使用示波器分别在芯片端和 SRAM 端监测这三个信号线的状态。此时测试点的信号状态仅由 SRAM 端驱动。故障时，在 X 处理器端监测到 AOE 有效时（SRAM 输出有效），D30、D28 和 D27 信号都是低电平，而在 SRAM 端监测到信号线 D27 和 D28 有高电平，如图 5.5 所示。此现象表明：故障时示波器和逻辑分析仪抓到的高电平"1"，是 SRAM 的驱动输出而非 X 处理器的输出。

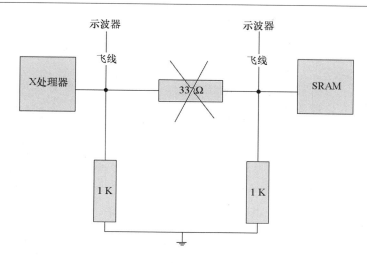

图5.4　故障隔离示意图

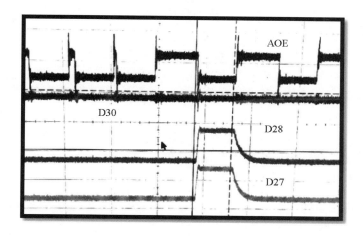

图 5.5　故障隔离 SRAM 端信号

（4）小结

X 处理器读 SRAM 时数据错误。通过故障隔离方式，可判定是 SRAM 芯片输出数据出错。

2．对比测试

（1）信号对比测试

采用与 X 处理器功能类似的 Y 处理器进行对比。在常温下对 1 号板卡

（X 芯片）和 4 号板卡（Y 芯片）进行测试。用示波器抓取两块板上运行测试程序时的 EMC 信号进行对比，发现在连续"写—读"切换时，CE 信号存在差异。

1）X 芯片在"写—读"切换时 CE 信号一直为低，而 Y 芯片的 CE 信号在写到读的变化过程中发生了一次由低到高，又由高到低的翻转。

2）从 AWE 信号上升沿到 AOE 信号下降沿的时间间隔也存在差异，X 芯片为 30 ns（3 拍）而 Y 芯片为 60 ns（6 拍）。Y 芯片比 X 芯片多的 3 拍是由"读写访问切换最小转换时间（T_{AWR}）"产生的。

（2）验证

为了验证故障是否由"读写访问切换最小转换时间"差异导致，进行如下试验：

1）对 X 芯片板卡修改测试程序：代码"pAddr$[j]$ = 0xA5A5；"后插入多个空操作（NOP）。经过测试发现，当 NOP 个数超过 19 时，监测到 CE 信号在 AWE 信号上升沿和 AOE 信号下降沿之间发生翻转，且故障消失。

2）对 Y 芯片板卡修改测试程序：配置 EMC 的 CE0 信号的"读写访问切换最小转换时间"字段为 0，复现故障。

3）将两种板卡的 EMC 时钟频率从 100 MHz 降至 12.5 MHz，故障现象仍然存在，发生条件和概率没有变化。

4）查看 WV SRAM 手册，该类型 SRAM 支持两种读时序、一种写时序。读时序中，第一种采用地址变化触发读使能，CE 和 OE 信号一直为低；第二种是 CE 和 OE 信号触发读使能，在 OE 信号的下降沿之前描述了一个可选的 CE 信号下降沿。

3. 故障树分析

出现该故障存在以下可能，如图 5.6 所示：芯片设计功能故障（X1.1）、芯片流片生产普遍故障（X1.2.1）、芯片流片生产偶发故障（X1.2.2）、芯片封装故障（X1.3）、芯片装焊故障（X1.4）、芯片使用中出现故障（X1.5）、SRAM 故障（X2.1）、其他电路故障（X2.2）、SRAM 适配性故障（X3.1）、其他电路适配性故障（X3.2）。

详细问题定位分析如下：

X1 芯片故障

X1.1 芯片设计功能故障。该故障现象在三套 X 芯片板卡中都存在。经实

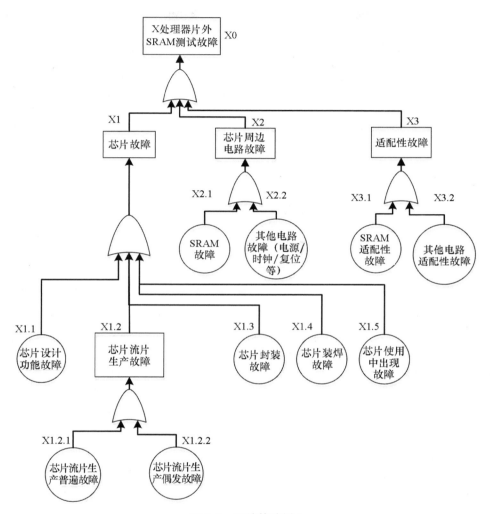

图 5.6　系统故障树 1

际测量波形发现，虽然 X 芯片 EMC 接口异步 SRAM 写读时序与 Y 芯片实际行为有差异，但 X 芯片该种时序波形符合 WV SRAM 的手册要求（Write2 + Read1 模式），并且 X 芯片与 LV SRAM 配合使用工作稳定，因此该故障分支可以排除。

X1.2 芯片流片生产故障

X1.2.1 芯片流片生产普遍故障。该类故障指因生产过程中的工艺问题造成的批次性缺陷。所有 X 芯片均通过了机台筛选测试，所以该故障分支可以排除。

X1.2.2 芯片流片生产偶发故障。当前集成电路生产工艺水平决定了芯片生产良品率不可能达到100%，可能存在芯片流片生产偶发故障。但三颗 X 芯片（分属两个批次）同时出现相同偶发故障的概率极低，所以该故障分支可以排除。

X1.3 芯片封装故障。由于故障是发生在访问片外 SRAM 的"写—读"操作时的偶发故障，并且与特定地址和特定时序紧密相关，在静止环境中即能复现；而封装故障通常是固定短路或开路故障，或振动引起的短路或开路故障，故该故障分支可以排除。

X1.4 芯片装焊故障。由于故障是发生在访问片外 SRAM 的"写—读"操作时的偶发故障，并且与特定地址和特定时序紧密相关，在静态非振动环境中即能复现；装焊造成三套 X 芯片板卡出现上述相同偶发故障的概率极低，因此与装焊无关，该故障分支可以排除。

X1.5 芯片使用中出现故障。在某套 X 芯片板卡低温测试中发现该故障后，采用相同测试方法在另两套 X 芯片板中随即复现了故障，并且在使用中也未发现不当电应力，故该故障分支可以排除。

X2 芯片周边电路故障

X2.1 SRAM 故障。在试验中实现故障隔离，X 芯片向 SRAM 送达的控制信号符合要求，但 SRAM 返回的数据发生错误，因此该故障分支不能排除。

X2.2 其他电路故障。在 X 芯片板卡程序的"写—读"时序中，插入 CE 信号翻转（如添加多条延迟语句）后故障会消失，因此故障仅与对 SRAM 的访问有关，该故障分支可以排除。

X3 适配性故障

X3.1 SRAM 适配性故障。在装有 Y 芯片、未复现故障的板卡中，将 Y 芯片的切换参数值设为0，使其"写—读"时序波形与 X 芯片类似（无 CE 信号翻转），故障复现，因此该故障分支不能排除。

X3.2 其他电路适配性故障。在 X 芯片板卡程序的"写—读"时序中，通过插入 CE 信号翻转（添加多条延迟语句或插入对其他 CE 空间的读访问），故障消失。因此故障仅与对 SRAM 的访问有关，该故障分支可以排除。

从以上故障定位过程可知，故障很可能是 X 芯片与该 WV SRAM 的适配性问题。

4. 小结

复现故障时通过仪器设备抓取了出现故障时刻 X 芯片管脚输出信号的波形，配合 SRAM 芯片手册的读写时序图，可以判断 X 芯片各个输出信号是正确的。通过进一步的故障隔离方式，判断是 SRAM 芯片自身输出的数据出错，不是 X 芯片故障。

经过 X 芯片与 Y 芯片在故障时刻的波形对比发现，X 芯片在进行"写—读"切换时 CE 信号未发生翻转，可能激发或未能避免 SRAM 芯片内部的某种特殊功能，SRAM 芯片未正确响应芯片发送来的读数据请求，从而导致 X 芯片数据读到的数据错误。

5.1.3　相关原理与机理分析

1. X 芯片异步存控操作特点

X 芯片在异步存储器读写机制方面，当对不同 CE 空间进行"读—读"操作时，在两个读操作之间会插入转换周期，固定为两个时钟节拍。在对不同 CE 空间进行"写—读"操作时，也会插入两个时钟节拍的转换周期，这是为了避免发生多个器件同时驱动数据总线而出现故障。

在对同一 CE 空间进行"写—读"切换时，通过硬件设计保证了芯片在完成整个写动作结束前，已经关闭了芯片数据管脚的输出使能，从而避免了芯片与其他芯片同时驱动数据总线的可能。故而 X 芯片为了加速对异步器件的操作、减少信号翻转，在对同一 CE 空间进行"写—读"操作时，不再插入转换周期。

2. SRAM 的典型结构

（1）SRAM 总体结构

SRAM 的总体结构通常是由近似于正方形的存储单元矩阵及外围的电路模块（译码器、灵敏放大器、预充电路、写驱动）组成。如图 5.7 所示，整个结构是由 2^{MR} 行和 2^{NC} 列所组成，存储单元共可存储 2^{MR+NC} 位，这里的 MR 和 NC 分别指行地址和列地址所占的位数。比如说，一个 1 M 的正方形矩阵由 1 024 行和 1 024 列组成（$MR = NC = 10$）。阵列中的单元都与 2^{MR} 个行线中的一条相连，这条行线称为字线；同样它也和 2^{NC} 个列线中的一条相连，这条列线称为位线。一个特定的单元在选中了字线和位线后，就可以对其进行读或写的操作。

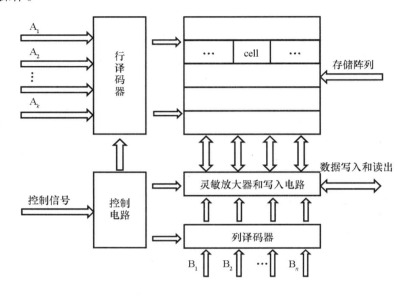

图 5.7　SRAM 总体结构

　　如上所述要确定选中的单元则需先选中其字线和位线，通常这个任务由译码器完成。译码器由组合逻辑电路构成，将行/列地址转换为字线/位线。当输入行地址到行译码器后，第 k 行字线被选中，这时在第 k 行的 2^{NC} 个单元都与位线相连，再输入列地址后就可以锁定具体的单元。

　　读/写信号是用来指定所选中的单元进行读或写操作。在读操作时，通过灵敏放大器来识别从单元传来的压差信号，进而判断是"0"还是"1"，再通过 I/O 逻辑来处理数据，将数据输出至片外数据总线上。在写操作时，通过写驱动将从数据总线传来的数据写入选中的存储单元上。

　　（2）SRAM 存储单元结构

　　SRAM 存储器的核心由一系列存储单元组成，每个单元都由一个电路来存储一位数据。其中传统的六晶体管（6T）SRAM 较为常见，如图 5.8 所示。该电路使用了一根单一的字线（WL）、一根位线（BL）和一根反向的位线（BLB）。单元中包括了一对交叉耦合的反相器，分别为由 Mtn1 和 Mtp1 组成的反相器 INV1、由 Mtn2 和 Mtp2 组成的反相器 INV2。每根位线连接了一个存取晶体管，两个存取晶体管分别为 Mtn3 和 Mtn4。一对互补的数据存储在交叉耦合的反相器上。当字线被选中（WL 为 VDD）时存取晶体管打开，从而将存储单元与两根位线（BL 和 BLB）相连。选中此存储单元的字线就可以对这个单元进行读出或写入。如果数据受到轻微的干扰，由回路构成的正反馈将使数据恢复到 VDD 或 GND。

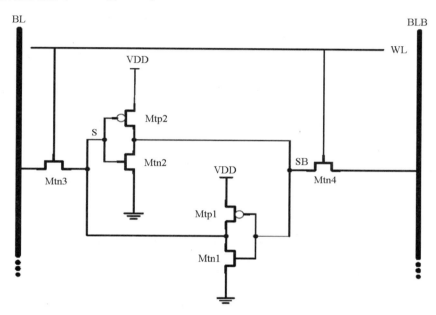

图 5.8　六晶体管 SRAM 存储单元

（3）SRAM 存储单元外围电路

要对 SRAM 进行读/写操作，通常还需要与存储单元配合的外围电路协同工作，包括预充电路、灵敏放大器、写驱动和行列译码器等。简化版的外围电路如图 5.9 所示，预充电路简化为由一个反相器、晶体管 Mtp3 和晶体管 Mtp4 组成，由 precharge 信号控制。下方的 Data 信号控制写入存储单元的逻辑值，当 Data 为高电平时，可写入逻辑"1"；当 Data 为低电平时，可写入逻辑"0"。write 信号用来控制是否对存储单元进行写操作，当 write 为高电平时，Mtn5 和 Mtn6 导通，使得位线 BL 和 BLB 分别与 Mtn7 和 Mtn8 相连，再配合 Data 信号便可写入想要输入的数据。

（4）SRAM 存储单元的读操作

为清楚地描述读操作，首先假设一个存储单元内已经存储了逻辑"1"，

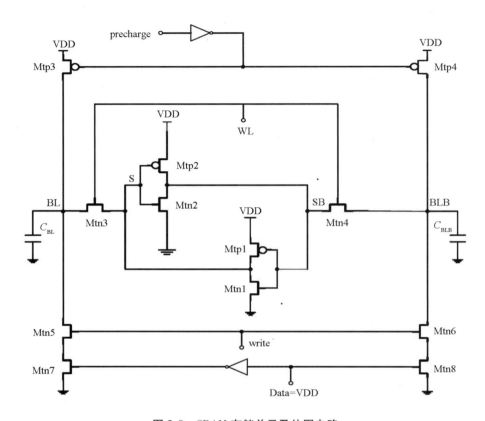

图 5.9　SRAM 存储单元及外围电路

即节点 S 电压为 VDD，节点 SB 电压为 0。在读操作之前，两根位线 BL 和
BLB 需先预充电到电源电压 VDD。当字线被选中（WL 为 VDD）时，两个存
取晶体管 Mtn3 和 Mtn4 打开，因节点 S 和位线 BL 电压均为 VDD，从而 BL 维
持高电平。另一端的节点 SB 的电压为 0，位线 BLB 电压为 VDD，则位线 BLB
经过晶体管 Mtn4 和 Mtn2 放电，位线 BLB 的电压降低，从而将节点 S 和 SB 中
的信息传递到位线上。读操作时存储单元部分电路见图 5.10，图中的电容 C_{BL}
和 C_{BLB} 分别为位线 BL 和 BLB 的等效电容。

　　当在读 "1" 时，位线 BLB 被下拉至地而位线 BL 的电压却仍稳定在
VDD。从而位线 BL 和 BLB 之间产生了电压差 ΔBL（$V_{BL} - V_{BLB}$），外围灵敏放
大器启动以加速读取过程。通常只需要几百 mV 的电压差，灵敏放大器就足
以读出正确的逻辑值；但当电压差达不到阈值门限时，灵敏放大器则可能输

出不定态的错误数值。

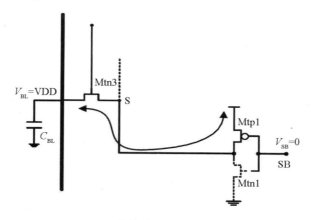

（a）存储单元左半面电路

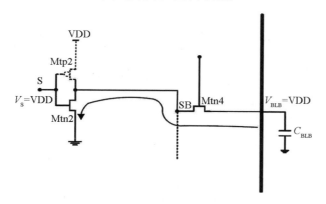

（b）存储单元右半面电路

图 5.10　SRAM 读操作时存储单元部分电路

　　SRAM 可能发生多种故障，其中有一种称为未修复写故障（Un-Restored Write Fault，URWF）。未修复写故障指在存储阵列的某一列中，对其中某个存储单元进行写操作后，由于某种原因位线上拉不充分，结果读该列另一个存储单元（如果该存储单元存储的数据与进行写操作的存储单元数据恰好相反）时会发生错误。例如：两个存储单元 ad1 和 ad2 属于同一列，存储单元 ad2 初始数据为"0"，先对存储单元 ad1 写数据"1"，再读存储单元 ad2 时，ad2 发生翻转并读出错误的数据"1"。

3. SRAM 故障机理分析

针对本例故障，与多位 SRAM 设计专家进行深入交流，结合多款异步 SRAM 的产品手册进行了对比分析，认为该 WV SRAM 支持"地址跳变检测触发的读"和"CE 使能触发的读"两种模式。

同时，有国外文献研究了某 A 公司的低功耗 SRAM。在其"地址跳变检测触发的读"方式中，对 Addr 信号线电平翻转的 skew（因各 Addr 线翻转的时刻会有不同，其中首末次翻转的时间间隔称为 skew）有严格要求，必须小于 4 ns，否则会造成 SRAM 灵敏放大器的连续启动，进而造成 SRAM 读操作不正常。

调试人员就该问题也与芯片供应商某 S 公司的技术支持进行了反复沟通，其确认 WV 和 LV 两款 SRAM 在"写—读之间没有 CE 变化"时是可以正常工作的。该公司技术支持也提示，虽然 WV 和 LV 是两款兼容的 SRAM 芯片，但 WV 是 S 公司研制的低功耗宽电压域（2.4 ~ 3.6 V）芯片，在输入电平阈值等机制上与 LV 有所不同。LV 是固定 3.3 V 电压的兼容管脚 SRAM 产品，最初是某 C 公司研制的，后被 S 公司收购。应该说，WV 和 LV 是两款不同的兼容 SRAM 产品，是两个公司研制的不同电压域产品，内部结构应该不同。对于以上两款 SRAM，其产品手册中没有对地址线触发读 skew 的参数要求。就其询问 S 公司技术支持，其表示没有这方面数据，不能提供。

以某大容量 4 MiB 异步 SRAM 电路为例，其"地址跳变检测触发"和"CE 使能触发"的核心电路结构示意如图 5.11 所示。图 5.11 中 CE 信号为片选使能信号，WE 信号为读使能信号。当这两个信号均为使能条件下，地址线发生跳变时，地址跳变检测电路检测到地址线跳变而产生一个读脉冲（ATD_R 信号），该读脉冲将触发内部 SRAM 进行读操作；同理，当 WE 处于读使能条件下，CE 的使能跳变也会被相应电路检测而产生读脉冲（ATD_W 信号），触发内部 SRAM 进行读操作。两种读模式触发的读脉冲经过"或"关系产生 CLK_in 信号，进而由 CLK_in 脉冲控制 SRAM 的读预充和灵敏放大器工作。电路中的 Delay 单元实现了一个时间窗口，保证了当发生多根地址线的连续翻转时，该时间窗口内仅有第一次地址线翻转会产生 CLK_in 脉冲。在低温条件下，晶体管翻转速度一般会变快，Delay 单元的实际延时缩短，可能导致当多位地址线翻转时，部分地址线的跳变时刻超出时间窗口，引起连续多个 CLK_in 脉冲产生。但相邻 CLK_in 脉冲的时间间隔过短，可能导致读预充时间不足，或灵敏放大器开启时间不足，位线电压差未充放电到位，对灵敏放大器后级产生了不定态，从而导致输出数据出现随机错误。当输出数据的信号强度不足时，数据总线会保持上一次操作数据，导致 X 芯片读到上一次写的数据，与试验现象相符。

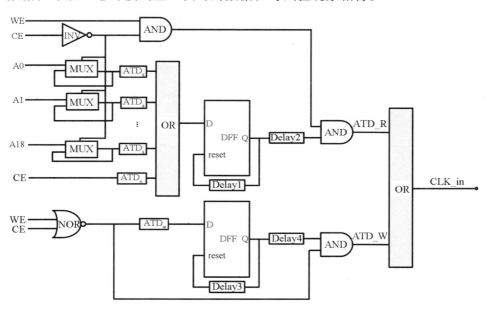

图 5.11　"地址跳变检测触发"和"CE 使能触发"的核心电路示意

4. 小结

通过以上分析，该 SRAM 故障产生的原因很可能是：X 芯片在对 SRAM 进行连续"写—读"操作时，其读时序符合无 CE 信号控制的"地址跳变检测触发的读"模式，但该 SRAM 可能对地址间跳变的 skew 容限较小（SRAM 手册未给出对该 skew 的参数要求），对连续的地址跳变识别为多次读操作，导致 SRAM 预充电路和灵敏放大器电路的充电时间不足，最终引起 SRAM 输出数据出现偶发故障。该故障属于该 SRAM 与 X 芯片输出地址信号的适配性问题。

5.1.4　故障复现

针对 WV SRAM 对地址线之间 skew 容限敏感的故障机理，采用对 X 芯片地址线管脚（Addr）加不同容值的负载电容方式，造成信号跳变边沿的斜率降低，等效于增加该管脚延迟时间，准确复现了故障。此时故障现象不再依赖于具体写地址、读地址和写数据，在常温下能稳定频发复现。

对两款 SRAM（WV、LV）和三款处理器芯片（X、X400、Y）进行交叉互连测试，采用在地址线上增加不同容性负载的方法。X400 为与 X 芯片结构类似但性能和内存增强的处理器。表 5.3 给出未加负载电容时 Addr 延迟时序关系，表 5.4 给出了增加负载电容时的故障复现情况。

表 5.3　未加负载电容时 Addr 延迟时序关系

参数	X（LV）	X400（WV）	Y（WV）
Addr 跳变沿之间的 最大延迟（skew）范围	1 ~ 2 ns	2 ns	2 ~ 3 ns

表 5.4　加负载电容时故障复现情况（常温）

Addr 电容负载	X（WV）	X400（WV）	Y（WV）	X（LV）	X400（LV）
不加电容	不复现	不复现	复现	不复现	不复现
22 pF	不复现	复现	复现		不复现
68 pF	不复现	频发复现	频发复现	不复现	不复现
136 pF	复现	频发复现	频发复现	不复现	不复现

从试验现象中容易看出，在 WV SRAM 地址线延迟加大时，故障复现从概率复现变成稳定复现。而相同措施（采用相同 Addr skew 范围）在 LV 芯片上始终不会出现故障，说明 LV 芯片的内部实现方式不同，同时 WV SRAM 很可能在地址线 skew 门限方面要求比较严格。

通过板卡实际测试，量化出可以复现故障的 Addr skew 范围，如表 5.5 所示。

表 5.5　导致故障复现的 Addr skew 范围

参数	X（WV）	X400（WV）	Y（WV）
Addr skew 范围	10.2 ~ 16.2 ns	2.2 ~ 15.4 ns	2 ~ 12.4 ns

5.1.5　结论

在系统级设计中，建议将 X 芯片与 LV SRAM 或其他经过验证的 SRAM 器件配套使用。

当 X 芯片与 WV SRAM 型 SRAM 配合使用时，为了保证可靠访问，需要确保在发生连续"写—读"操作时，SRAM 的片选信号能够发生一次"由低到高、又由高到低"的翻转。具体有两种措施可选：

1）措施 1：可先将 X 芯片输出的 AOE 信号与 AWE 信号做"与操作"，再将该"与操作"输出与 CE 信号做"或操作"，该"或操作"的输出与 SRAM 的片选信号相连接。

2）措施 2：在同一 CE 空间地址的"写—读"操作之间插入对其他 CE 空间的读操作。这样可以打断对同一 CE 空间的连续"写—读"过程，实现在"写—读"操作中插入 CE 跳变。当一个程序中的"写—读"操作比较多时，可以将大部分频繁访问的数据存放在片内存储空间（如堆栈中），仅对存放片外的大块数据实施"读插入"操作。

5.1.6　复盘

发现某处理器芯片的外接 SRAM 在低温下出现访问故障。通过对电路设计实施对照检查，发现与推荐电路相比，SRAM 的 CE 信号未与处理器连接。抓到故障点波形，但无明显差异。接下来如何分析、试验和定位？

1）通过不断调整出错地址和数据，得到最小可复现故障程序。

2）因果链法，分析故障可能通路。

3）以故障为线索，寻找因果关系。

4）采用控变要素法，将处理器 – SRAM 互连线物理隔离。

5）根据现有条件，反复实施控变要素法：

a. 将配置参数 T_{AWR} 作为控变要素，以波形作为观测变量，并结合研读手册，确认了 T_{AWR} 的作用；

b. 以测试程序作为控变要素，加空操作 NOP 指令，以波形作为观测变量，定位到 CE 和 T_{AWR} 的作用；

c. 将处理器类型作为控变要素，对三种处理器 X、X400、Y 进行互换测试；

d. 将 SRAM 类型作为控变要素，对 LV、WV 进行互换测试。

6）聚焦到 SRAM 的特殊功能和差异性。通过更广泛搜寻资料，了解到地址线信号翻转偏移 Addr skew 的原理和注意事项。聚焦到 Addr skew，将 Addr skew 作为控变要素进行测试：

　　a. 利用 ATE 精确测量出处理器全部 Addr 线在常温和低温下的 Addr skew 变化范围；

　　b. 在板级对 Addr 管脚通过增加负载电容方式，调整 Addr skew 变化，得到 skew 窗口故障范围。

　　7）最终得到故障结论：SRAM 存储器支持检测 Addr 线信号变化作为时序切换信号。而某类型 SRAM 的检测时间窗口过小，与 X 处理器芯片出现适配性差异。

5.2　案例 2：外部器件适配故障（SDRAM）

5.2.1　问题现象

　　某 Q 型处理器片内共有四个 DSP 核，分别为 DSP1、DSP2、DSP3、DSP4，每个 DSP 核设计有自己独立的 EMC 外部总线接口。在某型电路板上，DSP1、DSP3、DSP4 核通过自己的 EMC 接口与片外 SDRAM、FLASH 和 FPGA 连接，如图 5.12 所示。

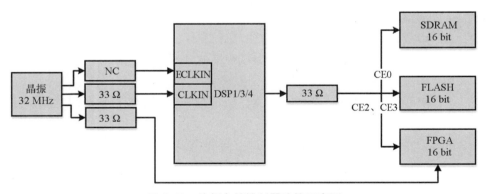

图 5.12　外部存储控制器连接示意图

1.　故障现象 1

测试程序 1 在片内 RAM 中运行，具体代码如图 5.13 所示。DSP 核主频为 400 MHz，EMC 频率为 100 MHz，DSP1、DSP3、DSP4 对各自的 SDRAM 存储器连续进行 64 位（double，双字）访问时，都会出现 SDRAM 数据读取错误，错误的地址和数据位是偶发的。

```
void main()
{
  unsigned int i=0, k=0;
  double dValue = 0.0;
  Init_System();
  #if 1
      //测试程序 1，写入固定数据，读出数据与固定数据相比，会出现出错的情况
      for(i=0x80000000; i<0x82000000; i=i+8)
      {
        *(double *)(i) = (double)0xAA5555AAAA5555AA;
        dValue = *(double *)(i);
        if(dvalue != (double)0xAA5555AAAAASS5SAA)
            k++;
      }
  #endif
}
```

图 5.13　测试程序 1

进行以下试验尝试：

1）只将 64 位访问从 double 类型改为 long long int 访问，故障仍存在。说明故障与数据类型或程序执行指令无关。

2）只将 64 位访问改为 32 位（int 或 float）访问，故障消失。说明故障与 EMC 接口有关。

3）只将 DSP 主频降到 300 MHz，故障仍然存在；主频降到 200 MHz 和 100 MHz，故障消失。

4）只将 EMC 频率降到 80 MHz、50 MHz，故障还是存在。

2．故障现象 2

设计了测试程序 2 进行测试。程序 2 与程序 1 的区别仅为将程序 1 的写后读去掉，如图 5.14 所示，程序放在片内 RAM 运行。DSP 核主频为 400 MHz，EMC 频率为 100 MHz，DSP1、DSP3、DSP4 对各自的 SDRAM 连续进行 32 位（int）或 64 位（long long int 或 double）写操作时，DSP1、DSP3、DSP4 都会跑飞，跑飞后发现片内程序段的内容会被改写。故障发生时，被改写的程序

内容地址不固定。将 DSP 主频降低为 200 MHz，EMC 频率为 100 MHz，DSP1、DSP3、DSP4 还是会跑飞。

```
void main()
{
    unsigned int i=0;
    Init_System();
#if 1
    //测试程序 2，预期写外部 SDRAM 数据，结果出现改写内部 RAM 程序内容的情况，导致
程序跑飞
    while(1)
    {
        for(i=0x80000000; i<0x82000000; i=i+8)
        {
            *(double *)(i)=(double)0xAA5555AAAA5555AA;
        }
    }
#endif
}
```

图 5.14   测试程序 2

3. 故障现象 3

将测试程序 1 和测试程序 2 都由片内 RAM 改为片外 SDRAM 运行，设置 DSP 核主频为 400 MHz，EMC 频率为 100 MHz。DSP1、DSP3、DSP4 各自对其余可用的 SDRAM 空间（非存放程序的地址空间）进行 32 位或 64 位连续写操作，程序都会跑飞，且程序跑飞的位置不定。

5.2.2   故障定位

1. 串接匹配电阻影响

DSP1、DSP3、DSP4 有各自的 EMC 输出时钟 ECLKOUT。每个 ECLKOUT 都分别驱动了三个器件的时钟输入。时钟线上串接了一个匹配电阻 Re，初始值为 33 Ω，如图 5.15 所示，匹配电阻靠近 DSP 端为 A 点，另一端为 B 点。发现不同 Re 电阻值对 ECLKOUT 信号完整性影响很大。

尝试将 DSP4 的 ECLKOUT 匹配电阻 Re 调整为 0 Ω、10 Ω、12 Ω、33 Ω，该匹配电阻阻值对 ECLKOUT 信号质量影响较大，具体表现为信号上升沿的陡

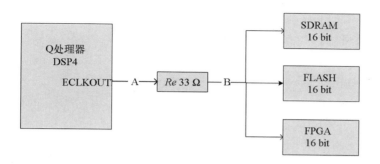

图 5.15 DSP4 串接电阻结构示意图

峭程度和延迟。当匹配电阻为 10 Ω 时故障次数和故障位数明显减小。

2. DSP 输入时钟的影响

将 DSP 的输入时钟 CLKIN 的 32M 的晶振输入改为 16M 的晶振输入之后，故障现象 1 消失。用示波器在板卡测试两款晶振的输出波形（靠近 DSP 端），波形差别很大，主要表现为：

1）32M 晶振：使用 3.3 V 电源，输出信号波形接近正弦波，上升沿爬坡时间（0.8 V 到 2 V 上升）为 5 ns。

2）16M 晶振：使用 5 V 电源，输出信号波形基本为方波，上升沿爬坡时间（0.8 V 到 2 V 上升）为 3 ns。

5.2.3 结论

以上测试结果表明，DSP 输出时钟 ECLKOUT 延迟和输入时钟 CLKIN 的信号质量都会间接对 SDRAM 读时序有影响。时钟信号驱动的负载数量、PCB 走线和串接匹配电阻等都会对信号质量有影响，反映在上升下降时间和反射台阶等。对比测试了串接不同匹配电阻对 SDRAM 输入时钟信号质量的影响、DSP 输出 ECLKOUT 到 SDRAM 的延时变化。因此判断此故障原因应是 DSP 输出的信号质量和延时关系变化，导致 SDRAM 的读时序关系不满足。建议在 PCB 设计时进一步保证板级时钟的信号完整性，必要时进行 PCB 信号仿真。

5.3 案例 3：总线接口故障

5.3.1 问题现象

在对某 Z 处理器芯片的应用板测试中发现，Z 芯片外部总线接口（EMC）的某地址线管脚（Addr3）表现出的时序行为与其他地址线略有不同。具体现象是：Z 芯片的 EMC 接口与 FPGA 相连，EMC 设为 SBSRAM 接口模式。FPGA 中设计了相应接口逻辑与 EMC 配合。Z 芯片采用 DMA 方式通过 EMC 接口搬移数据，源地址是 FPGA 中的支持先入先出队列（First In First Out，FIFO）存储器，目的地址是 Z 芯片的片内 RAM。目的地址设为自增方式，源地址设为固定地址方式。此种配置下源地址应保持固定地址不变，但实际运行中 Z 芯片 EMC 的Addr3 管脚发生了与预期不一致的跳变。该跳变导致读 FPGA 不正常。

5.3.2 相关原理

首先对该问题涉及的芯片相关结构和机制进行解释说明。Z 芯片有一组64 bit 外部总线接口 EMC。EMC 是多功能外部总线接口，支持异步 RAM（ASRAM）、静态同步 RAM（SBSRAM）和动态同步 RAM（SDRAM）等存储接口。EMC 接口的数据位宽可配置为 8 bit、16 bit、32 bit 和 64 bit。

DMA 部件可以不通过 CPU 指令独立完成片内外的数据搬移。DMA 可配置大小为字节（8 bit）、半字（16 bit）和字（32 bit）的传输粒度，源或目的地址都可指向片外 EMC 接口。为了 FIFO 类型器件，DMA 源或目的地址都可设为固定地址方式，即访问地址保持固定不变。DMA 也可为了访问 RAM 类型器件，设为地址自增方式，即每传输一个数据，地址增 1 个单位。当 DMA 的传输粒度与 EMC 宽度不同时，Z 芯片内部有专门处理电路来完成自适应匹配。

5.3.3 故障定位

为了缩小故障范围，进一步定位问题，首先隔离板级环境差异问题，在 Z芯片的另一种开发板上对原测试程序进行了裁剪，得到最小可复现故障程序。该开发板上设计有 SBSRAM 器件，可用于替代应用板中的 FPGA。该程序仅包括 EMC 初始化和 DMA 传输这两部分操作，复现了 EMC 接口 Addr3 管脚的异常行为。

最小可复现故障程序的具体操作方法如下：

1）芯片初始化配置：

a. EMC 设为 32 bit SBSRAM 接口模式；

b. 采用 DMA 方式从 EMC 向片内 RAM 搬移数据；

c. DMA 目的地址设为自增方式，源地址设为固定地址方式；

d. DMA 传输宽度配置为字（32 bit）传输模式；

e. DMA 传输长度为 16 个字。

2）对 SBSRAM 进行初始化：

a. 0x80000000 地址空间预先存储数据为 0x03020100；

b. 0x80000004 地址空间预先存储数据为 0x07060504。

3）DMA 操作：芯片程序启动 DMA 搬移，从 SBSRAM（0x80000000）到片内 RAM（0x10000）搬移 16 个字数据。

4）检查结果：DMA 搬移后，片内 RAM 目的地址 0x10000 的数据为 0x03020100，目的地址 0x10004 的数据为 0x07060504。这表明 SBSRAM 中 0x80000004 地址的数据被搬移至片内，即 Addr3 地址出现过变为"1"的状态。

Z 芯片在正常情况下，循环进行以上 16 个 32 位的读/写操作时，因源地址设为固定地址方式，因此所有地址位（包括最低位）应始终为"0"（即 Addr3 = 0）。即传输过程中 Addr3 地址线不跳变的情况下，DMA 连续传输 16 个 32 位数据。

Z 芯片实际芯片行为是：EMC 接口对于该 DMA 传输的循环进行两个 32 位的读/写操作——第一次最低位地址为"0"（即 Addr3 = 0）；第二次最低位地址为"1"（Addr3 = 1）。DMA 连续传输了 32 个 32 位数据，对 Addr3 = 0 地址有 16 次正确传输，对 Addr3 = 1 地址产生了 16 次多余的传输。传输过程中出现了 Addr3 地址线跳变的现象。

为了摸清 Addr3 跳变的规律，对以下控变要素通过更改配置的方法，进行了全面摸底测试，有如下结果：

1）更改 EMC 的 CE 空间为其他空间，故障复现；

2）更改 EMC 为非 SBSRAM 接口模式，故障消失；

3）更改 EMC SBSRAM 接口模式为 16 bit 或 8 bit，故障消失；

4）更改 DMA 目的地址和源地址均为片内 RAM 空间，故障消失；

5）更改 DMA 目的地址为 EMC 自增方式，源地址为片内固定地址方式，故障消失；

6）更改 DMA 目的地址为 EMC 固定地址方式，源地址为片内 RAM 自增地址方式，故障复现；

7）更改 DMA 目的地址为 EMC 固定地址方式，源地址为片内 RAM 固定地址方式，故障复现；

8）更改 DMA 传输宽度配置为 16 bit 或 8 bit 传输模式，故障消失；

9）更改 DMA 传输长度，故障复现。

综合以上 1）～9）测试结果，确定当且仅当芯片为以下配置时（需三项条件同时具备时），故障现象出现，而在其他配置条件下无该差异。

1）EMC 片外存储器配置为 SBSRAM 32 bit 模式；

2）DMA 传输的源地址或目的地址为该片外 SBSRAM 存储器，且源地址或目的地址的地址变化方式为固定地址方式（不自增）；

3）DMA 传输宽度配置为字（32 bit）传输模式。

综上，完成故障定位。

5.3.4　结论

经对 Z 芯片的内部设计进行分析，以上现象产生的原因是：DMA 设计为按照 EMC 的缺省接口宽度（64 位）向 EMC 发出了读/写请求，当 EMC 被配置成 SBSRAM 32 位宽度时，EMC 响应 64 位读/写，即对每个读/写请求产生了两次 32 位的读/写操作，第一次最低位地址为"0"（即 Addr3 = 0），第二次最低位地址为"1"（Addr3 = 1）。因此在其他配置条件下无该差异，EMC 其他地址线也不会发生非预期的跳变。

5.4　案例 4：外围电路故障

5.4.1　问题现象

在对装有某 DSP 器件的某产品其中一套板卡调试时，发现对板卡反复上下电后会偶发出现 DSP 无法正常启动的故障现象。故障发生后连接仿真器发现，DSP 的 FLASH 程序存储器的前 2 KiB 存储空间数据被擦除。

　　DSP 与 FLASH 相关连接电路如图 5.16 所示，FLASH 片选由 DSP 和 FPGA 分别控制。DSP 通过 EMC 从 FLASH 加载自举代码后启动运行。

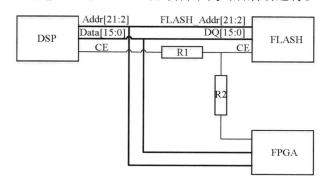

图 5.16　DSP 与 FLASH 相关连接电路

5.4.2　故障定位

　　通过板卡原理图查明，FLASH 芯片的地址线、数据线和控制线分别接到 DSP 和 FPGA。为尽可能隔离故障，将 FLASH 与 FPAG 连接的片选信号断开、地址线断开；将 FPGA 中的逻辑进行擦除，所有 I/O 脚设为高阻状态；将 DSP 程序中与 FPGA 通信部分代码屏蔽，故障现象仍然存在。故能排除是 FPGA 的程序故障，并基本排除 FPGA 芯片故障。

　　为了进一步排查，通过示波器和逻辑分析仪抓取故障发生时的 EMC 接口信号，发现在下电过程中 DSP 发出了写动作，如图 5.17～5.19 所示。EMC 数据线的变化如图 5.20 所示。此时 DSP 发出了连续的 6 个写操作，而后发出一长串读操作。通过逻辑分析仪抓取结果，EMC 数据线 D[7:0]的值为 0xAA、0x55、0x80、0xAA、0x55、0x10。这 6 个数据正是对 FLASH 整片擦除的命令，此段代码位于 DSP 程序中的 erase_chip() 函数中。由此能确定在下电过程中 DSP 发出了 FLASH 擦除动作，令 FLASH 的前 2 KiB 数据被擦除，从而导致 DSP 下次上电时从 FLASH 中读不到正确的程序代码而无法正常启动。

　　根据该系统电路设计结构及以往经验，画出故障树，如图 5.21 所示：软件故障（X1）、FLASH 故障（X2.1）、电源模块供电故障（X2.2.1）、电源模块下电故障（X2.2.2）、FPGA 程序故障（X2.3.1）、FPGA 芯片故障

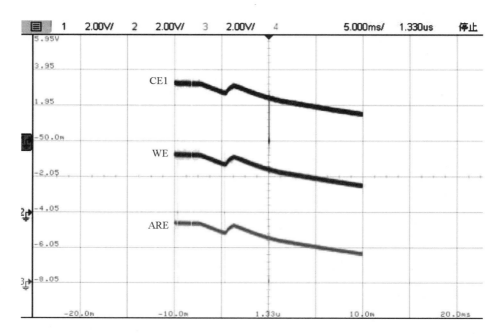

图 5.17　故障时下电过程，示波器 5 ms 每格抓取 EMC 的写动作

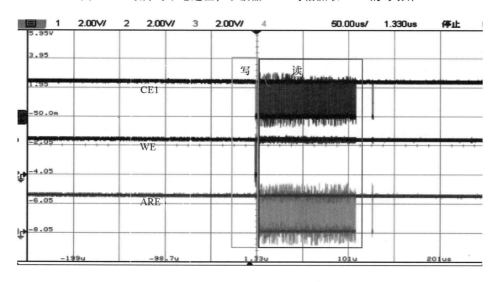

图 5.18　故障时下电过程，示波器 50 μs 每格抓取 EMC 的写动作

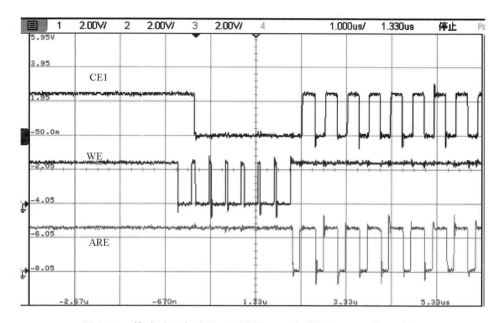

图 5.19　故障时下电过程，示波器 1 μs 每格抓取 EMC 的写动作

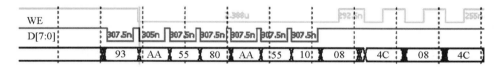

图 5.20　故障时逻辑分析仪抓取 EMC 的数据线

（X2.3.2）、芯片设计功能故障（X3.1）、芯片流片生产普遍故障（X3.2.1）、芯片流片生产偶发故障（X3.2.2）、芯片封装故障（X3.3）。

对各故障分支分析如下：

X1 软件故障。对整个软件代码进行复查，擦除 FLASH 的函数代码确实存在于程序中。但应用程序并未调用该擦除函数，且在线运行此程序，程序运行始终正常，故该故障分支可以排除。

X2 周边器件和电路故障

X2.1 FLASH 故障。在连接仿真器调试的情况下，反复运行启动程序并进行启动流程追踪，都未出现 FLASH 工作异常。复现故障时确认 DSP 发出了FLASH 擦除命令。故该故障分支可以排除。

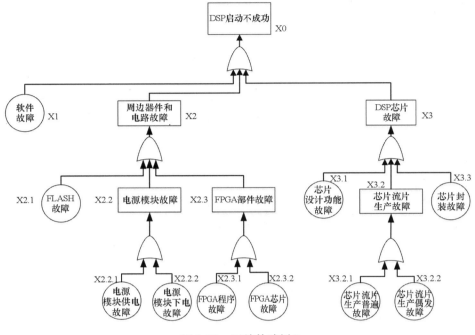

图 5.21 系统故障树 2

X2.2 电源模块故障

X2.2.1 电源模块供电故障。如果 DSP 内核供电电源出现毛刺将导致 DSP 程序跑飞。但监测 DSP 内核电源纹波始终为 20 mV，满足 DSP 内核电压 ±5% 的范围要求。在出现该故障现象时也未出现电源异常的情况。故该故障分支可以排除。

X2.2.2 电源模块下电故障。DSP 有内核和 I/O 两路电源，不适当的下电顺序可能导致 DSP 运行异常。故该故障分支不能排除。

X2.3 FPGA 部件故障

X2.3.1 FPGA 程序故障。擦除 FPGA 逻辑，将 FPGA 的管脚都设为高阻态，依然可复现问题，故该故障分支可以排除。

X2.3.2 FPGA 芯片故障。因 FPGA 与 FLASH 相连，即使 FPGA 中无逻辑功能且将管脚设为高阻态，也可能由于 FPGA 管脚硬件故障而影响 FLASH 器件正常工作。因此该故障分支暂时不可以排除，但可能性很小。如能解焊 FPGA 芯片则可完全排除此故障分支，但此种控变要素实施代价很大。

X3 DSP 芯片故障

X3.1 芯片设计功能故障。由于应用该批次 DSP 的其他板卡未出现同类故障，故该故障分支排除。

X3.2 芯片流片生产故障

X3.2.1 芯片流片生产普遍故障。由于应用该批次 DSP 的其他板卡未出现同类故障，故该故障分支排除。

X3.2.2 芯片流片生产偶发故障。在连接仿真器调试的情况下，反复运行启动程序并进行启动流程追踪，都未复现故障。而复现故障现场确认 DSP 发出了 FLASH 擦除命令。故该故障分支不能排除。

X3.3 芯片封装故障。由于该故障仅发生在芯片上下电过程中，在其他过程中芯片均工作正常，且封装故障一般是导致某管脚固定开路或短路，而程序运行时数据都仅存放在片内 RAM 中，与管脚功能无关。故该故障分支可以排除。

由以上分析可知，电源模块下电故障和芯片流片生产偶发故障不能排除。到底是芯片内异常还是外部原因导致芯片工作异常，需要进一步分析和试验。

5.4.3　机理分析

在故障时用示波器抓取了 DSP 的内核电源（1.2 V）和 I/O 电源（3.3 V）波形，如图 5.22 和图 5.23 所示。由波形推断，在下电过程中当内核电源降

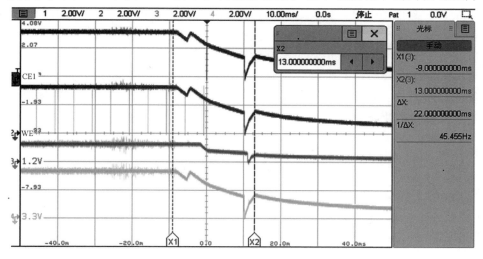

图 5.22　故障时 DSP 的下电过程（10 ms 时基）

为 0.8 V、I/O 电源降为 2.31 V 时，DSP 芯片因内核电压过低而发生程序跑飞，程序跑飞执行了 FLASH 擦除函数代码。DSP 完全下电时间约为 500 ms。

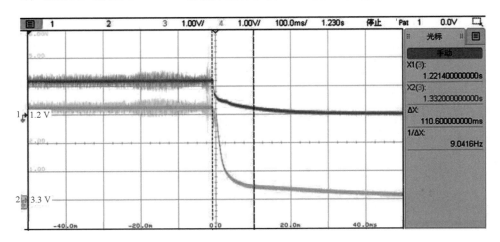

图 5.23 故障时 DSP 的下电过程（100 ms 时基）

在下电过程中，当 DSP 内核电源下降到 0.8 V 时，此时 DSP 处于亚稳定工作状态即 DSP 内核运行状态不可知，而此时 I/O 电源没有完成下电（2.2 V）；又因为 FLASH 的电源与 DSP 的 I/O 电源为同一个电源供电，根据 FLASH 产品使用手册，其输入 I/O 电平低于 0.66 V（$0.3 \times V_{IO}$）会被判别为低电平，如表 5.6 所示。因此下电过程中 I/O 电源从 3.3 V 降低至 2.31 V 时，FLASH 芯片会一直接收正常的数据输入。当该 DSP 芯片内核处于亚稳态时，可能程序指针恰好跑飞到 FLASH 擦除程序的起始地址，且执行了此处的擦除操作。而当 FLASH 刚擦除完毕前 2 KiB 时，FLASH 芯片电压降低到不能再执行擦除操作。故由此观察到只有 FLASH 前 2 KiB 被擦除而不是整片 FLASH 空间被擦除。

表 5.6 FLASH 电气特性

符号	含义	测试条件	最小值/V	最大值/V
V_{IL}	输入低电平		-0.1	$0.3 \times V_{IO}$
V_{IH}	输入高电平		$0.7 \times V_{IO}$	$V_{IO} + 0.3$
V_{HH}	擦除/编程电压	$V_{cc} = （2.7 \sim 3.6）$ V	11.5	12.5

解决措施有以下两种，可任选其一：

1）建议按该 DSP 产品使用手册中描述的上下电顺序操作可避免以上问题，即：上电时，内核电源先上电，I/O 电源后上电；下电时，I/O 电源先关电，内核电源在 I/O 电源之后关电。这样可以保证内核程序的误动作不会从 I/O 电源口影响外部器件。

2）在上下电过程中保持 DSP 芯片处于复位状态，使 DSP 不会误执行任何代码。

实施这两种解决方法后，故障消失。因此可确定故障是 DSP 电源模块下电故障，并排除其他所有故障分支。

5.4.4　结论

因数字集成电路芯片内部可能集成了数千万个 CMOS 晶体管，每个晶体管在生产过程中都因工艺而略有差异，因此 DSP 芯片在内核电压 0.8 V 这种非正常供电的情况下，无法确定各个 CMOS 晶体管的导通状态。在多套板卡中，仅有一套的 DSP 芯片在下电过程中恰巧偶发跑飞，运行了 FLASH 擦除函数，这种情况是可能存在的。

其他目前未出现故障的板卡，如果 DSP 芯片按这种 I/O 电源与内核电源同时下电方式，也存在程序跑飞、误操作 FLASH 的隐患，并且还有可能出现误操作与 DSP 相接的其他设备。因此建议可靠的上下电顺序为：上电时，在内核电源上电完成之后，I/O 电源再开始上电；下电时，在 I/O 电源下电到 0 V 之后，内核电源再开始下电。或是在上下电过程中保持 DSP 芯片处于复位状态。

5.4.5　复盘

根据该故障的最初现象，映射到概率故障树上，能够快速想到几个故障假设：

1）是芯片原因还是板级环境原因？暂不能确定。

2）是偶发个例工艺缺陷？不能排除。直接更换芯片进行排除的措施代价很高；并且板级环境参数处于边界条件时，也可能表现出强烈的芯片个体差异。

3）是 FLASH 器件故障？有可能。更换 FLASH 器件的措施代价也较高。

4）板级环境不正常？有可能。对电源、复位、时钟的测试需要刮开板级三防漆，该措施有一定代价。

5）受板级其他器件影响？板级上有FPGA，值得排查。

6）未知的芯片在特殊条件下的差异性？不能排除，但也暂无头绪。

7）进一步测试数据总线信号？也要刮开三防漆。

对容易操作的控变要素进行尝试：

1）最容易控变的要素是DSP程序。但发现即使对程序做很小的改动，故障也会消失。

2）尝试控变FPGA：对FPGA擦除功能后未出现故障。但随后发现是假象，还是出错。

3）从故障现象看是FLASH被写0，想到可以控变DSP FLASH写程序的写数据。仅控变数值时未改动指令，这种改动很小，故障仍然复现。将数值改为写55AA，发现FLASH内容还是被改写为0——这是一种很巧妙的控变要素技巧。

4）FLASH被写0，还有一种可能情况是FLASH擦除（Erase），不是直接写0——这属于事先应积累的知识点，如果对FLASH功能不熟悉，是无论如何都想不到这一点的。

以上分析了多种情况，但仍然困惑，迷雾重重。有时候靠灵感无法快速解决问题时，需要再次从现象源头进行故障树分析。

FLASH被擦除是什么原因？因每次都能稳定复现，故排除时间方面的影响。重点找空间上的影响连接关系：DSP、电源、FPGA以及FLASH自身故障。

1）电源：监控某一次复现故障现象的电源的波形（其他要素都保持不变），无异常。

2）FPGA：擦除逻辑（控变要素），使FPGA对外不起作用，但故障照常复现。

3）基于FLASH工作机理的因果关系：FLASH被擦除是需要写信号的。故障复现是否伴生写信号（随变要素）？

4）使用示波器（工具和技能）测是否有写信号。如果DSP发出了擦除时序，就是DSP内部问题；如果没发出写信号，则定位是FLASH自身故障。

随后使用沟通技巧，说服对方对系统开盖，并刮开三防漆，使用示波器对多种信号进行测试，逐一步步发现问题所在，顺利定位问题。以上带来的启示为：

1）对影响要素需要进行全面分析，特别是识别出与故障强关联特征的要素：写信号。

2）使用控变要素，对故障假设逐一排查。

3）复盘时需要积累故障库、复盘元规则、更新知识库、更新影响要素列表。

5.5　案例 5：内核指令故障

5.5.1　问题现象

在对某芯片样片进行测试的过程中，发现运行某应用测试软件时，网络协议包头解析代码出现执行故障。

通过仿真器进行断点/单步调试，经过多种软件调试方法缩小错误范围，能够确认是比较相等（Compare Equal，CMPEQ）指令计算出错。具体出错现象是：将 CMPEQ 指令的源操作数寄存器 A3 和 B4 均赋值为 0x08000000，将结果写入寄存器 A3。因 A3 与 B4 数值相同，CMPEQ 指令应输出结果为 1，但该芯片实际运行结果是 0，与正确值不符。

5.5.2　故障定位

出现该故障存在以下可能，如图 5.24 所示：芯片设计功能故障（X1.1）、芯片流片生产批次性故障（X1.2.1）、芯片流片生产偶发故障（X1.2.2）、芯片封装故障（X1.3）、芯片装焊故障（X1.4）、芯片周边电路故障（X2）。

详细问题定位分析如下：

X1 芯片故障

X1.1 芯片设计功能故障。由于该批次的其他芯片未出现同类故障，故该故障分支可以排除。

X1.2 芯片流片生产故障

X1.2.1 芯片流片生产批次性故障。由于该批次的其他芯片未出现同类故障，故该故障分支可以排除。

X1.2.2 芯片流片生产偶发故障。当前集成电路生产工艺水平决定了芯片生产良品率不可能达到 100%，所有集成电路生产时都会存在因工艺参数自然波动以及洁净间的少量尘埃等导致的故障芯片。生产工艺缺陷可能会造成同

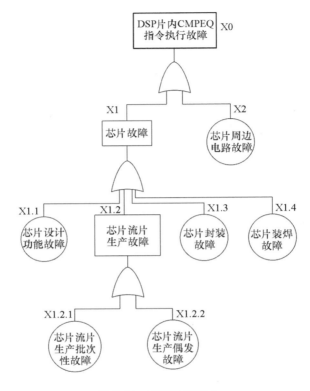

图 5.24　系统故障树 3

批次的个别芯片出现个体偶发故障，因此该故障分支不能排除。

X1.3 芯片封装故障。由于该故障发生在芯片内部，其他指令均能正确执行，因此故障与管脚功能无关，故该故障分支可以排除。

X1.4 芯片装焊故障。将该故障芯片从电路板上取下，放入带有芯片夹具的测试板中进行测试，故障出现。故该故障分支可以排除。

X2 芯片周边电路故障。用示波器测试芯片的 3.3 V 和 1.2 V 电源、输入输出时钟和芯片复位时序，以上信号均正常。将该故障芯片从电路板上取下，放入带有芯片夹具的测试板中进行测试，故障出现。故该故障分支可以排除。

为进一步定位问题，编写最小可复现故障程序复现该故障。其核心代码仅有五条汇编指令：

MOVL 0x08000000，A3

MOVH 0x08000000，A3

MOVL 0x08000000，A4

MOVH 0x08000000，A4

CMPEQ REG_A A3，A4，A5

以上代码中有寄存器组类型、寄存器序号、两种操作数值、类似比较指令等多个控变要素。对该代码段进行如下控变要素调整测试，进一步定位问题：

1）将 A3 或 A4 寄存器更改为 A 组寄存器中的任意一个，故障出现；

2）将 A5 寄存器更改为 A 组寄存器中的任意一个，故障出现；

3）将 CMPEQ 指令由 REG_A 单元改为 REG_B 单元执行，故障消失；

4）将 A3 与 A4 寄存器的内容改为不相等的数值，故障消失；

5）将源操作数数值 0x08000000 改为 0x0，故障消失；

6）将源操作数数值 0x08000000 改为 0xF7FFFFFF，故障消失；

7）将源操作数数值 0x08000000 改为 0xFFFFFFFF，故障出现；

8）将 CMPEQ 指令改为比较小于（Compare Less Than，CMPLT）指令，并修改源操作数进行测试，故障消失；

9）将 CMPEQ 指令改为比较大于（Compare Great Than，CMPGT）指令，并修改源操作数进行测试，当且仅当两个比较源操作数相同且第 27 位为 1 时，故障出现。

根据以上现象进一步分析，进行问题定位：

1）根据以上试验结果的第 1）～3）点，判断故障出现在 REG_A 计算单元中；

2）根据以上试验结果的第 4）点，判断是 CMPEQ 指令比较相等功能出现故障，比较不相等无故障；

3）根据以上试验结果的第 5）～7）点，判断是源操作数的第 27 位与出现故障直接关联，其他位不影响故障；

4）根据以上试验结果的第 8）、9）点，判断是 CMPGT 指令的源操作数第 27 位为 1 时出现故障，而 CMPLT 指令无故障（在内部电路设计中，CMPGT 和 CMPLT 指令实现逻辑与 CMPEQ 指令有类似之处，但没有共用）。

5.5.3　机理分析

CMPEQ 指令属于整数比较类指令，其功能是比较 src1 和 src2 操作数是否相等，如果 src1 = src2，则 dst = 1，否则 dst = 0，该指令为单周期实现。与

CMPEQ 指令类似的还有两条指令，分别为 CMPGT（比较 src1 > src2）和 CMPLT（比较 src1 < src2）。

在数据通路上，通用寄存器文件向功能单元（REG_A、REG_B）的所有指令提供源操作数。REG_A 单元的 CMPEQ 指令所需的 src1 和 src2 操作数也是由通用寄存器提供的。为方便描述，当 src1 和 src2 通过多路选择器到达 CMPEQ 指令内部时，称为 src1_in 和 src2_in。

在具体逻辑实现中，CMPEQ 指令功能的实现过程如下，参见图 5.25：

1）通过 src1_in[31:0] 与 src2_in[31:0]的对应位的"异或"得到 aa[31:0]，"异或"操作的规则是"相同取 0，不同取 1"，因此如果 src1_in[31:0] = src2_in[31:0]，则 aa[31:0] = 32'h0，否则 aa[31:0]中一定有至少 1 位为 1'b1；

2）将 aa[31:0] = 32'h0 通过"按位或"操作后取"非"，得到 CMPEQ 指令结果需要的 0 或 1 形式。

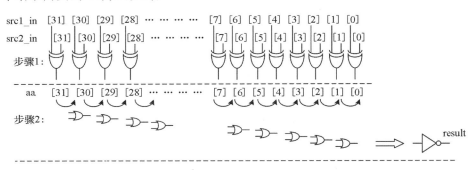

图 5.25　CMPEQ 指令的实现示意图

在上述算法中，如果 src1_in[31:0]或者 src2_in[31:0]中的任意一位发生固定性的错误，例如因偶发工艺或材料缺陷被强制固定为 0，而实际输入的该位为 1，则该位的故障在特定情况下会导致最终指令计算结果出现错误。

在结合以上对内部具体结构的分析后，进一步挖掘出了多种控变要素。进行以下试验和分析：

1）试验一：使用 CMPEQ 指令，指定源操作数 src1 = src2，从 32'h0000_0000 开始，逐次加 1，遍历至 32'hFFFF_FFFF。试验结果显示，只要当 src2[27] = 1'b1 时（此时 src1[27]也为 1'b1），CMPEQ 结果均出现了错误，这初步表明，错误的原因是 src1_in[27]或者 src2_in[27]由于某种原因被强制设置为 0 了。

2）试验二：使用 CMPEQ 指令，指定 src1 = 0x0800_0008（关注 src1[27] = 1′b1），且 src2 = 0x0000_0008（关注 src2[27] = 1′b0）。试验结果显示该指令执行结果为 32′h0000_0000，结果正确。如果假设是 src1_in[27] 由于某种原因被强制设置为 0，则该指令的执行结果会发生错误，错误结果将会为 32′h0000_0001。因此假设"src1_in[27] 由于某种原因被强制设置为 0"不成立。

3）试验三：使用 CMPEQ 指令，指定 src1 = 0x0000_0008（关注 src1[27] = 1′b0），且 src2 = 0x0800_0008（关注 src2[27] = 1′b1）。试验结果显示该指令执行结果为 32′h0000_0001，结果错误。这符合 src2_in[27] 由于某种原因被强制设置为 0 的假设。

由以上三个试验可以判断出故障芯片的错误原因是：CMPEQ 指令的数据通路上，第二个源操作数的第 27 位被强制固定为 0。在集成电路生产领域，此种现象一般是偶发工艺波动或材料缺陷导致的。

为了更全面地分析该问题给比较类指令带来的影响，继续进行了如下试验：

1）试验四：在试验一中，将 CMPEQ 更改为 CMPGT 指令，源操作数设置相同，并且进行同样的遍历。发现了对于所有令 CMPEQ 指令出现错误的源操作数，也会令 CMPGT 指令结果错误。经分析这种现象是合理的：由于 CMPEQ 和 CMPGT 同属于比较类指令，在硬件实现过程中有部分电路逻辑是 CMPEQ 和 CMPGT 指令共用的。比较类指令处理流程如图 5.26 所示。由图 5.26 可见，判断出"src1_in 是否等于 src2_in"这个条件，在执行 CMPEQ 和 CMPGT 指令时均会使用到，但是在执行 CMPLT 指令时不会涉及。在 CMPGT 指令中指定 src1 = src2 的基本条件下，错误是 src2[27] 引起的，即 src2[27] = 1，但是在故障芯片的内部被固定为 src2_in[27] = 0，导致 src1_in ≠ src2_in。因为 src1 = src2，所以 src1 − src2 的进位为 0，从而 CMPGT 指令会得到错误的结果 1，同时 CMPEQ 指令也会得到错误的结果 0（src2_in[27] = 0 这个错误对 src1 − src2 的进位没有影响，进位是由其他逻辑块完成的）。

2）试验五：在试验一中，将 CMPEQ 更改为 CMPLT 指令，源操作数设置相同，并且进行同样的遍历。试验结果均正确，这也可以从选择流程中得到理论上的支持，因为 CMPLT 指令执行过程中与"src1_in 是否等于 src2_in"这个条件无关。

3）试验六：试验该运算部件能执行的其他类算术运算指令（ADD、SUB

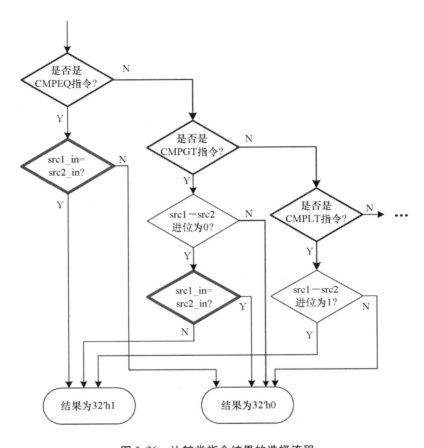

图 5.26　比较类指令结果的选择流程

等）和逻辑运算指令（AND、OR、XOR 等），均未发现错误。从设计原理上分析，其余指令实现的硬件逻辑与比较类指令没有交叉，因此不会出现错误。这也进一步证明了故障芯片的错误是由于进入比较运算单元的 src2_in[27] 偶发错误，而与进入其他运算的 src2[27] 无关。

对以上试验现象和指令实现机理的联合分析可知，该错误确实由参与比较运算的 src2[27] 因偶发工艺或材料缺陷被强制固定为 0 所导致。

在本款芯片中，有两个部件都能执行比较类指令——REG_A 和 REG_B。在试验过程中，REG_B 部件的比较类指令计算完全正确。在逻辑算法的硬件代码实现上，这两个部件是通过同一代码的两次实例化实现的，因此在原理上没有任何区别。在故障芯片中，只有 REG_A 的比较指令出现问题，进一步说明这不是设计的原理性问题，而是偶发因素导致。

经过以上的试验分析，总结出本次出错指令在所有源操作数下的具体判断情况，如表 5.7 所示。表中的路径序号在图 5.27 中指示。

表 5.7 CMPEQ 和 CMPGT 出错情况列表

源操作数情况			指令名称			
			CMPEQ		CMPGT	
			结果	路径	结果	路径
src1 = src2		src2[27] = 1	×	②	×	③
		src2[27] = 0	√	①	√	
src1 > src2		src2[27] = 1	√	②	√	④
		src2[27] = 0	√	②	√	
src1 < src2		src2[27] = 0	√	②	√	
	src2[27] = 1	当 src1 =（src2&0xF7FFFFFF）时	×	①	√	⑤
		当 src1 ≠（src2&0xF7FFFFFF）时	√	②	√	

5.5.4 故障复现

经过以上分析，进行故障复现，仍使用之前类似的最小可复现故障程序：

MOVL   0x08000000，A3

MOVH   0x08000000，A3

MOVL   0x08000000，A4

MOVH   0x08000000，A4

CMPEQ／CMPLT／CMPGT REG_A A3，A4，A5

1）当使用 REG_A 单元 CMPEQ、源操作数相同且第二个源操作数第 27 位为 1 时，故障出现。故障现象为指令应输出 1 而实际输出 0。

2）当使用 REG_A 单元 CMPEQ、源操作数不同，但第二个源操作数第 27 位为 1 且其余位与第一个源操作数都相同时，故障出现。故障现象为指令应输出 0 而实际输出 1。

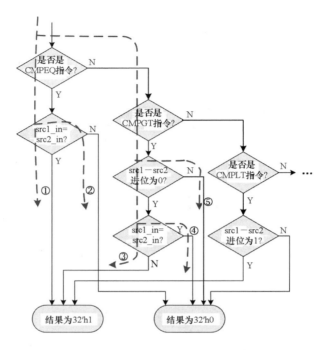

图 5.27　CMPEQ 和 CMPGT 指令执行的路径示意图

3）当使用 REG_A 单元 CMPGT、源操作数相同且第二个源操作数第 27
位为 1 时，故障出现。故障现象为指令应输出 0 而实际输出 1。

因此故障复现过程中发现的以上现象，与机理分析完全对应。故障均是
由 src2[27]应为 1，却因偶发工艺或材料缺陷被强制固定为 0 所导致。

5.5.5　结论

综合以上分析得到故障问题定位结论是：该故障芯片确实存在特殊情况
下 CMPEQ 和 CMPGT 指令的计算结果出错的问题。具体是 REG_A 单元的
CMPEQ 和 CMPGT，当源操作数第 27 位为 1 时，计算结果可能与正确值相反。
故该故障是由指令实现电路出现故障导致，属于芯片流片生产过程中偶发的
个体生产缺陷故障，应在筛选测试中剔除该故障芯片。

5.6　案例 6：片内数据存储器故障

5.6.1　问题现象

在对某处理器芯片样片的片内程序自校验检测过程中出现异常，具体现象是：

1）程序校验和出错。进而将整个程序空间与写入程序代码对比发现，0x61bb、0x91bb、0xb1bb、0x121bb 四个地址的 bit 1 位无法写入 1。

2）再进一步对片内存储区扫描测试：先对片内 256 KiB RAM 空间全部写入 0x0，再全部写入 0xFF，最后全部读出与 0xFF 比较。结果发现地址空间 0x1bb、0x11bb、0x21bb 等低 12 位为 0x1bb 的地址数据读出值均为 0xFD，与写入值 0xFF 不同。即该字节的 bit 1 位无法写入 1。

同批次的其他芯片未发现该问题。

5.6.2　相关原理

首先对该问题涉及的处理器芯片相关结构和功能进行介绍。该芯片片内结构如图 5.28 所示。其片内存储结构分为两级：一级存储器包括数据 Cache（L1D）和指令 Cache（L1P）；二级存储器为片内 RAM（L2），其高 64 KiB 空间可配置为 Cache 或 RAM。L1D 和 L1P 的容量均为 4 KiB，L2 容量为 256 KiB。L2 RAM 中的数据默认被 L1D Cache 缓存，无法关闭。

芯片的 L1D Cache 的结构是：采用双端口 RAM 存储体，每个 Cache 行长度为 32 个字节，分为 4 个子行，每个子行 8 个字节，Cache 行地址以 32 字节对齐方式。L1D 的操作以 Cache 行为单位，要么从片内 RAM 中复制整行数据到 L1D 内，要么将 L1D 的整行数据写回片内 RAM。

L1D Cache 的工作机制是：芯片内核读片内 RAM 中的任意地址数据，都会导致该地址数据所在的整个 Cache 行（32 个字节）数据被缓存（复制）到 L1D 中，称为"读分配"。芯片内核对该 Cache 行内任意数据的后续读写操作，都是直接读写 L1D 内缓存的数据，即访问 L1D 的物理存储体而非片内 RAM 的物理地址。芯片内核向片内 RAM 的任意地址写数据，如果该地址行

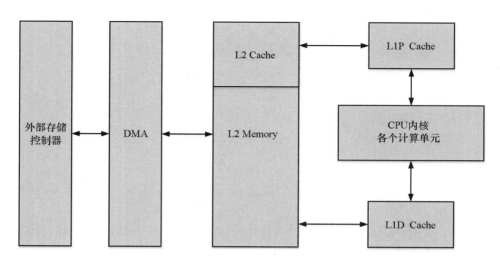

图 5.28　片内数据存储结构示意图

没有缓存在 L1D 中，该写操作直接写到片内 RAM 空间，称为"写穿透"或"写不分配"；如果该地址行缓存在 L1D 中，该写操作写到 L1D 中，称为"写命中"。

　　L1D 容量为 4 KiB（0x0 ~ 0x1000），组织方式为两路组相连。按照 Cache 的工作机制，片内 RAM 地址按照 0x1000 整数倍的规则都被映射到相同 Cache 地址空间。例如，对于片内 RAM 地址 0x1bb、0x11bb、0x21bb 等至 0x3F1bb 共 64 个地址数据，当因顺序读而被 Cache 缓存时，都被存储在相同的 L1D Cache 物理地址空间，如图 5.29 所示。

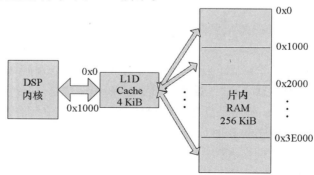

图 5.29　L1D Cache 存储映射示意图

芯片流水线的 32 个通用寄存器分为 A、B 两组，分别为 A0 ~ A15 和 B0 ~ B15。每个寄存器都可以存储地址和数据，都可以用来实现数据读写。由于 L1D Cache 采用双端口存储体结构，使用 A 寄存器组访问或 B 寄存器组访问 L1D，其数据通路经过了存储体不同的端口，如图 5.30 所示。

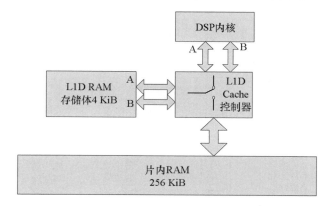

图 5.30　数据通路结构示意图

5.6.3　故障定位

1. 故障树分析

出现该故障存在如图 5.31 所示可能：芯片设计功能故障（X1.1）、芯片流片生产普遍故障（X1.2.1）、芯片流片生产偶发故障（X1.2.2）、芯片封装故障（X1.3）、芯片装焊故障（X1.4）、芯片周边电路故障（X2）。

详细问题定位分析如下：

X1 芯片故障

X1.1 芯片设计功能故障。由于该批次的其他芯片未出现同类故障，故该故障分支可以排除。

X1.2 芯片流片生产故障

X1.2.1 芯片流片生产普遍故障。由于该批次的其他芯片未出现同类故障，故该故障分支可以排除。

X1.2.2 芯片流片生产偶发故障。当前集成电路生产工艺水平决定了芯片生产良品率不可能达到 100%，因此生产工艺缺陷可能会造成同批次的芯片个体偶发故障，故该故障分支不能排除。

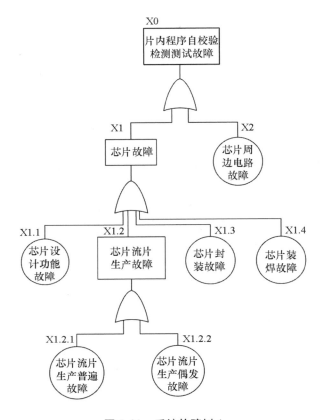

图 5.31　系统故障树 4

X1.3 芯片封装故障。由于该故障发生在芯片内部，程序数据均仅在片内 RAM 执行，与管脚功能无关。故该故障分支可以排除。

X1.4 芯片装焊故障。用示波器测试芯片的 3.3 V 和 1.8 V 电源、输入输出时钟和芯片复位时序，以上信号均正常。将该故障芯片从电路板上取下，放入带有芯片夹具的测试板中进行测试，故障出现。故该故障分支可以排除。

X2 芯片周边电路故障。用示波器测试芯片的 3.3 V 和 1.8 V 电源、输入输出时钟和芯片复位时序，以上信号均正常。将该故障芯片从电路板上取下，放入带有芯片夹具的测试板中进行测试，故障出现。故该故障分支可以排除。

2. 定位分析

为定位问题，将该故障芯片装入带有芯片夹具的测试板。编写 MFP 复现该故障，其核心代码共有四段，如图 5.32 所示。代码执行后，发现芯片 CPU 内核读入 0x1bb 地址数据是 0xFD，即 0x1bb 地址的 bit 1 位没有被写成1。

// CPU内核读入0x1A0地址数据。A3=0x1A0（读分配）
LoadByteU *A3, A5　　　　　　　　　　　　　　　　　　　　　　(1)
// 0x1bb所在的Cache Line数据(0x1A0～0x1bF) 被读入L1D Cache

// CPU内核将0x0写入0x1bb地址。B4=0; B6=0x1bb（写命中）
……
StoreByte B4, *B6　　　　　　　　　　　　　　　　　　　　　　(2)

// CPU内核将0xFF写入0x1bb地址。B4=0xFF; B6=0x1bb（写命中）
……
StoreByte B4, *B6　　　　　　　　　　　　　　　　　　　　　　(3)

// CPU内核读入0x1bb地址数据，判断B4是否等于0xFF（读命中）
……
LoadByteU *B6, B4　　　　　　　　　　　　　　　　　　　　　　(4)

注：①LoadByteU ＊A3，A5 指令的含义为：读入 A3 指针寄存器所指向地址中的数据，保存到 A5 寄存器中。
②StoreByte B4，＊B6 指令的含义为：将 B4 寄存器中的数据，写入 B6 指针寄存器所指向的地址中。

图 5.32　故障定位的核心代码

识别 MFP 中的控变要素进行试验分析，共有如下发现：

1）试验方法：令测试地址遍历片内 RAM 的 256 KiB 存储空间。

发现现象：出错地址的规律为，低 12 位为 0x1bb 的地址都会出错，如 0x1bb，0x11bb，0x21bb，…，0x3F1bb。

2）试验方法：图 5.32 中操作（1）（LoadByteU ＊A3，A5）的功能是将一个 Cache Line 的数据（0x1A0～0x1bF）读入 L1D Cache。去掉该操作。

发现现象：去掉 LoadByteU 操作，后续写操作均为直接对片内 RAM 进行"写穿透"操作，故障不会出现。

3）试验方法：将 0x1bb 地址 bit 1 数据先写为 1，再改写为 0。

发现现象：故障现象是将 0x1bb 地址 bit 1 数据从 0 改写为 1 时不成功；

而将 0x1bb 地址 bit 1 数据从 1 改写为 0 时成功。

4）试验方法：采用试验方法 2）中的"写穿透"操作将 0x1bb 地址 bit 1 数据写为 0 或 1。反复读取该地址。

发现现象：读取 0x1bb 地址数据始终正确。

5）试验方法：将操作（3）（StoreByte B4，∗B6）的目的寄存器 B6 改为使用 A 组寄存器，如改为 StoreByte B4，∗A6

发现现象：故障不会出现。

根据以上现象进一步分析，进行问题定位：

1）根据以上试验结果的第 1）点和第 2）点，判断故障出现在 L1D 存储体中。这是因为：一方面，恰好片内 RAM 中低 12 位为 0x1bb 的所有物理地址都同时出错的概率极低；另一方面，由于 L1D Cache 对片内 RAM 默认开启，操作（1）即是将该 Cache 行缓存到 L1D 存储体中。而后续读写操作（2）～（4）即是对 L1D 内的物理实体地址进行写。而低 12 位为 0x1bb 的地址如 0x1bb、0x11bb、0x21bb、0x3F1bb 等都被存储到相同 Cache 物理地址，因此访问时都会出错。而缺少该操作（1），则后续（2）～（4）操作是对片内 RAM 实体地址进行操作，因此不会出错。

2）根据以上试验结果的第 3）点，可以判断故障是"0 变 1"故障而非"1 变 0"故障，即写 1 故障。

3）根据以上试验结果的第 4）点，可以判断故障是写入故障而非读出故障。

4）根据以上试验结果的第 5）点，可以判断是 B 寄存器组操作故障而非 A 寄存器组操作故障。L1D 存储器是双端口 RAM 实现，其中 A 寄存器组访问 A 端口，B 寄存器组访问 B 端口。

5.6.4　结论

综合以上现象得到故障问题定位结论是：该故障芯片确实存在使用 B 寄存器端口对某地址位无法写入 1 的问题。确认该故障是 L1 数据 Cache（L1D）写入错误，具体为使用 B 端口（B 寄存器组）操作 L1D 某地址位时无法写入 1，该地址是 L1D 中 0x1bb 地址的 bit 1 位。该故障是芯片流片生产偶发故障。

5.7　案例 7：片内程序存储器故障

5.7.1　问题现象

　　某处理器芯片在装焊后进行开机功能测试时出现软件执行错误。故障发生时，芯片配置如下：芯片主频为 103 MHz，启动模式为 ROM Boot，存储映射模式为 MAP0。芯片设计有片内程序存储器（Internal Program Memory，IPM）和片内数据存储器（Internal Data Memory，IDM），同时在板级通过存储接口连接了片外 SRAM。

5.7.2　故障定位

1. 板级测试定位

　　首先对板卡硬件进行了测试，测试芯片外围的电压、时钟，均正常。监测板卡上的芯片内核电源和 I/O 电源，在开关机期间未发现异常的干扰信号。

　　基于故障现象，设计存储器遍历程序（程序放置在 IPM），检测片外 SRAM 和 IDM。测试结果是片外 SRAM 和 IDM 的遍历结果都正确。而后重点测试 IPM，过程如下：

　　1）开机，发现程序加载异常。连接 JTAG 仿真器，进入 IDE 软件，发现程序区指令代码错误。复位处理器后在自举函数搬移完成后的 0x2b0 地址处设置断点，运行程序。在进入断点后读取程序区指令代码，并与 ROM 中存储的正确程序指令做对比，二者一致。继续运行，程序运行正常。重复测试四次，现象一致。

　　2）开机，发现程序加载异常，进入 IDE 软件，发现程序区指令代码错误。复位处理器后全速运行，程序运行异常。重复测试两次，现象一致。

　　试验 1）未复现故障而试验 2）能稳定复现故障，两次试验的区别有两点：有没有设置断点；有没有用仿真器回读数据区。为进一步验证是哪个操作使得运行结果不一致，设计了试验 3）。

　　3）开机，发现程序加载异常，进入 IDE 软件，发现程序区指令代码错误。复位处理器，在 0x2b0 处设置断点，运行到断点后等待几秒，继续运行，程序运行异常。测试两次，现象一致。

对比试验 2）、3），二者的区别在于有没有设置断点，因此设计了试验 4）。

4）开机，发现程序加载异常，进入 IDE 软件，发现程序区指令代码错误。复位处理器，不主动设置断点，但将数据区回读出来，数据区正常，继续运行，运行正常。

通过试验 2）～4）可推断，通过 JTAG 仿真器访问数据区导致通过 DMA 访问数据区恢复正常。该推断也可以解释为什么前期通过仿真器下载程序时运行正常，由于仿真器下载程序和数据后本身会回读然后校验，有通过仿真器回读数据区的操作，因此会使得通过 DMA 访问数据区恢复正常。为进一步确认该推论，设计了试验 5）。

5）开机，发现程序加载异常，进入 IDE 软件，发现程序区指令代码错误。复位处理器后继续运行，程序运行异常，重复复位处理器三次，均异常。保持状态不动，将数据区回读出来，然后复位处理器，继续运行，程序运行正常，后续又复位处理器五次，均正常。该结论验证了上述推论，并且得出结论：只要通过 JTAG 接口回读一次，无论回读时数据正确还是错误，都能够使得后续的读取恢复正常。

6）板载 FPGA 烧写之前的版本，故障复现。

7）将处理器主频由 103 MHz 降低至原来的 1/4，故障消失。

8）在测试过程中，最后芯片突然恢复正常，开关机十几次均正常。后续进行高低温测试运行十几小时，故障再未复现。

以上测试表明，故障很可能出现在芯片内部。但具体故障尚未来得及定位，故障现象消失。

2. 机台测试定位

将故障芯片解焊，植球后进行出厂时的 ATE 测试。机台测试接触性问题造成测试偶发不稳定。稳定测试结果为：I/O 测试通过，功能链测试通过，存储器内建自测试（Memory Build-In-Self Test，MBIST）通过，扫描链测试不通过。该芯片内部的扫描设计共 76 条链，测试稳定出错的扫描链有 8 条。测试分析如下：

1）采用筛选测试程序进行测试，器件在高温下测试合格。常温下未能通过扫描链测试，其他连接性测试、MBIST 以及功能链测试等向量测试均合格。低温下器件未能通过扫描链测试，其他连接性测试、MBIST 以及功能链测试等向量测试均合格。

2）常温下，调整芯片内核供电电压，升高 5% 时错误数量明显增加，降低 5% 时错误数量明显降低；调整 I/O 供电电压或调整测试频率，错误数量基本不变。

3）选取芯片部分管脚对电源、地分别进行 $I - V$ 特性曲线测试，与正常器件对比未见异常。

4）共计 8 条扫描链测试结果错误，其中 1 条错误为采样沿导致的采样错误，非逻辑错误；其他 7 条链的错误均与器件内部指令存储器（IPM）有关，错误周期数的数量级比较稳定。根据对出错链的分析认为，很可能是 IPM 控制逻辑（特别是 TAG 子部件）中的个别晶体管错误导致扫描链错误。

3．小结

以上测试表明，芯片自身出现故障。故障虽然在板级出现后消失，但在机台上稳定复现。故障随内核电压升高而增加，随内核电压降低而减少。高温时故障消失，常温和低温时故障出现。

5.7.3　机理分析

1. 对扫描链故障初步分析与定位

根据 5.7.2 节所述错误现象，对机台测试出错的 8 条链进行分析，如表 5.8 所示。其中，第 3～7 条链条每条总的出错数都在 100 左右。

表 5.8　机台测试出错链分析

序号	链输入 PIN	链输出 PIN	对应链串接的部件的触发器
1	TD	H15	IPM/IPM_TAG/Tag_Valid MEM_xx⋯
2	CLK0	MU0	BSP0 只有 1、2 个错
3	BOOTMODE3	WE	IPM/Timer
4	D29	C3	IPM/PMC_EMC/PreFetch_xx⋯
5	D14	A14	IPM/IPM_SRAM/SRAM2048x39_xx⋯
6	D8	A8	IPM/PMC_EMC/PreFetch_xx⋯
7	D0	X0	IPM/IPM_SRAM/SRAM2048x39_xx⋯
8	E0	WE	IPM/IPM_TAG/混有 Tag_Valid MEM_Valid

从测试台扫描结果可以分析出，故障错误点主要集中在 IPM 部件中，IPM 部件即为芯片的程序存储控制器部件。IPM 主要承担芯片内核的指令读取和 Cache 模式控制两个功能。当 IPM 部件发生功能故障，能够引起芯片发生指令执行故障或者程序跑飞的故障现象。

根据芯片结构分析，导致芯片程序执行跑飞的主要可能有：

1）指令包读取错误：芯片内核读到非法指令，非法指令被执行可能会产生修改存储区内容等不可控结果。

2）PC 指针更新错误：按照程序顺序执行和跳转执行两个 PC 指针修改策略，芯片内核在不断地进行 PC 指针更新修改。当发生 PC 指针更新错误，程序指令执行流程发生不可控。但 PC 指针修改的驱动源来自指令执行流水线，由当前指令是跳转指令还是正常指令来决定 PC 更新策略，与 JTAG 访问行为无关。即如果此故障为真实故障，则不管是否存在 JTAG 访问，芯片都会跑飞，这与 5.7.2 节试验结论不符，故此故障点可以排除。

从上述分析可以看出，故障芯片的错误来源基本可以推定为指令包读取错误。指令包读取流程如图 5.33 所示。

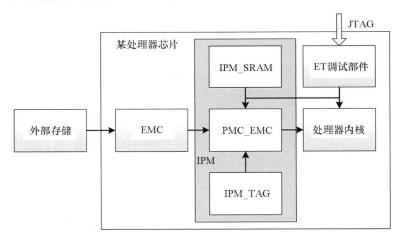

图 5.33　指令包读取流程

从图 5.33 中可以看出，导致指令包读取错误，可能发生在 EMC、IPM、芯片内核三个部件中，其中 IPM 部件与芯片内核部件和 JTAG 调试接口（ET 部件）都相关。根据故障现象，基本可以判定是由 IPM 内部逻辑故障导致该故障芯片跑飞。在 IPM 内部，IPM_TAG、PMC_EMC 以及 IPM_SRAM 与指令包读取错误是密切相关的。因此，将故障点定位于 IPM 内部逻辑故障是符合错误现象的。

2. 故障点分析

由于故障点定位于 IPM 内部逻辑，则 IPM 内部如何影响取指指令包发生错误的通路即为故障点定位的关键。

发生指令包读取错误，有两种错误类型：

一是因为错误寄存器发生故障导致指令包内容错误。可能发生此种错误类型的逻辑包括图 5.34 中的方框 1、方框 2、方框 4 和方框 5。如果是此种错误类型，则该种错误情况不可能受到 JTAG 访问影响，此不符合 5.7.2 节错误现象。

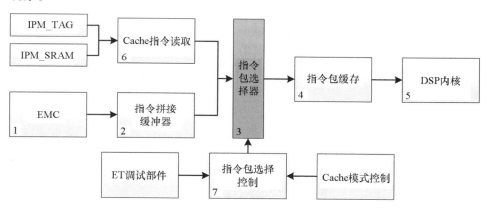

图 5.34　指令包调度通路

二是因为指令调度逻辑发生故障导致指令调度错误。有效指令一般保存在存储通路的寄存器中，当发生指令调度错误时，芯片内核获取的指令包从一个有效的指令通路切换到无效指令通路中，而无效指令通路中临时存放的指令包为非定义指令，即为非法指令。因此，本次故障可以归结为此类情况。

从图 5.34 所示的指令包调度通路可以看出，芯片的指令包获取有两个通路：一是从外部存储经过 EMC 部件获取（方框 2），即为非 Cache 模式下或者 Cache 模式下访问失效情况；二是从 IPM 存储体获取（方框 6），即为 Cache 模式下读取命中情况。

在测试系统中，采用了非 Cache 模式，则 Cache 指令读取（方框 6）通路为无效通路。程序正常执行过程中，所有有效的指令包都需要经过 EMC 部件从外部存储获取。当指令包选择器（图 5.34 中方框 3 的二选一逻辑）发生错误选择时，则可能将有效指令通路切换到无效指令通路，即会产生之前所示的错误现象。

导致指令包选择器发生错误选择的情况，可能是方框 2 中发生逻辑故障或者方框 7 中发生逻辑故障。如果是方框 2 发生逻辑故障，则与 JTAG 访问无关，也可以排除。

因此通过上述分析，基本可以判定读出指令包选择控制逻辑发生了逻辑故障，导致该故障芯片出现故障问题。

指令包选择控制逻辑是非常复杂的控制逻辑，而形成选择方框 3 所需的通路切换条件一定需要 Cache 使能信号激活，但测试系统软件已设其为非 Cache 模式。

从图 5.35 指令包选择控制逻辑结构中可以看出，指令包选择控制逻辑主要与 Cache 模式信号、ET_Pause 信号相关。Cache 模式信号在非 Cache 模式下为 0。ET_Pause 信号来自 JTAG 访问控制，当发生 JTAG 访问时，该信号从 0 到 1 变换一次。如果 Cache 模式信号故障，则当 JTAG 访问撤销时，必然会恢复错误现象，此不符合前面的测试结果。ET_Pause 信号只作用于 Cache 模式，即在 Cache 模式下按照非 Cache 模式访问，非 Cache 模式不受影响。如果是 ET_Pause故障，则只可能影响 Cache 模式下的正确性，本系统软件都是工作在非 Cache 模式下，因此符合 5.7.2 节错误现象。

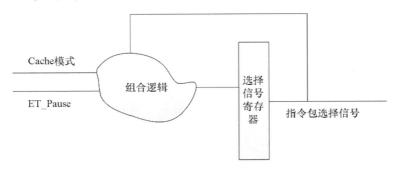

图 5.35　指令包选择控制逻辑结构

因此，本故障点可定位于指令包选择信号寄存器发生故障。指令包选择信号寄存器发生故障，严重影响有效指令包获取，符合故障现象。该信号故障，也可通过组合逻辑通路，影响 IPM_TAG、IPM_SRAM 以及 PMC_EMC 等 IPM 内部部件的扫描链正确性，也与故障现象相符。

5.7.4　结论

该处理器芯片在批产测试中出现的故障定位为：芯片程序存储器 IPM 控制逻辑出现功能错误，引发处理器内核执行程序错误。错误随内核电压升高而增加、随内核电压下降而减少；在常温和低温下出现，高温下消失。该故障属于芯片生产流片中的偶发故障，该故障芯片应在筛选测试过程被剔除。

5.8　案例 8：软件算法库故障

5.8.1　问题现象

在对某芯片的应用测试中，发现某软件程序执行出现异常。具体情况如下：程序主循环里执行求余运算，中断服务程序做双精度浮点运算。中断中双精度浮点运算的结果数值出现异常，其两个储存结果的双精度浮点变量 doutgz[0] 和 doutgz[1] 变成了非常大的浮点数，与预期不符。

5.8.2　故障定位

在 IDE 中调试故障程序。首先对故障的软件程序进行大幅裁剪，得到最小可复现故障程序。然后使用随变要素触发法，在程序中的结果出错处，插入仅在变量出现异常值时才触发执行的软件代码。在本例中因异常现象是一个超出预期的大数值，因此故障触发条件为：判断该变量是否大于某异常门限阈值，并在判断条件内对错误次数进行计数。通过在条件内设置断点（为保证断点有效，不能使用过高优化级别），容易故障现场定位。此举将故障复现时间成本降低至秒级。

在故障现场，通过 IDE 查看存储器，确认 doutgz 数组存放地址的数值确实不对，如图 5.36 所示。运算正确时现场如图 5.37 所示。

在测试程序中使用控变要素，将程序中的求余运算改成除法等其他运算时，双精度浮点运算不会出现异常。使用对比法，进一步全面对比故障时和

（a）程序代码及断点位置   （b）变量错误数值

图 5.36   运算错误时的程序

（a）程序代码及断点位置   （b）变量正常数值

图 5.37   运算正常时的程序

正常时的现场，发现栈指针 B15 寄存器存在差异。查看寄存器，故障时栈指针 B15 寄存器的值为 0x12234，而运算正确时栈指针 B15 寄存器的值为 0x12238，因此推测故障原因可能与堆栈有关。通过查看反汇编指令，进一步把问题定位在求余运算调用的 remu 函数。

remu 函数属于优化后的软件算法库 realtime.lib。继续使用控变要素对照测试发现，使用早期版本 realtime.lib 不会出现问题。对比早期版本和优化后版本的 remu 库函数源代码，发现早期版本中对栈操作使用的是 *SP--[2]/* ++SP[2]，是按 8 字节对齐的方法；而优化版本优化时对栈操作使用的是 *SP--[1]/* ++SP[1]，是按 4 字节对齐的方法。

在出现故障的软件程序中，中断服务程序调用了浮点计算子函数，子函数入口和出口需要做压栈—出栈操作。因该浮点计算子函数使用的变量是 double 型，对栈地址操作时需要按 8 字节对齐，而在该出现故障版本的

remu 函数更新时优化调整了算法，改为 4 字节而非 8 字节的对齐操作。当主程序执行 remu 函数在进行 4 字节对齐的压栈操作后时，偶发被中断服务程序打断，中断程序中又执行 8 字节对齐的入栈—出栈操作，导致从栈中读出地址偏差了 4 个字节，读出数据数值不正确，进而导致后续的运算出错。

5.8.3　结论

出现问题的 remu 函数是为优化而修改的某版本库函数。该函数在优化过程中需要对使用的寄存器进行压栈和出栈。在使用栈指针 B15 寄存器时出现错误。remu 函数在使用压栈—出栈操作时，压栈深度为 4 个字节，导致使用了双精度数据类型的中断服务程序在使用 B15 寄存器（栈指针）进行双字访问时出现 4 个字节的错位。修复该故障的方法是将 remu 函数压栈深度改为 8 个字节。

5.9　案例 9：系统功能故障

5.9.1　问题现象

使用某 DSP 的某设备出现故障，具体为在 DSP 芯片复位管脚（RESET）上施加开关毛刺，会导致 DSP 死机。此时对 DSP 复位也无法恢复，必须重新上电。因此怀疑是外部电源干扰导致 DSP 无法正常复位启动。

5.9.2　故障定位

在进一步测试中发现：该设备在正常工作过程中，如果附近有电烙铁或类似大功率设备开关时，电源干扰脉冲会通过以下路径传播："电烙铁插头→220 V 市电→直流稳压电源→DC – DC 电源模块→电路板→DSP 芯片"。最终传递到 DSP 芯片管脚上，此时用示波器测量 DSP 管脚会测到干扰脉冲。其中，发现复位管脚上的干扰脉冲会导致 DSP 死机，在 DSP 不进行重新上电的情况下，通过复位信号无法唤醒 DSP 正常工作。

反复排查无法启动时的芯片状态，发现此时复位后 DSP 芯片仍然进行了自举启动过程（Boot），但自举加载程序的起始地址以及读入程序指令码都与正常状态有差异。因此复查自举方式，以此确定对应自举起始地址和自举指令码，并与实际测试结果比对。

经检查图纸和实测电路，并与设计师沟通，发现 DSP 的自举模式配置管脚不但有上下拉电阻，而且是连接在主控 FPGA 中的，FPGA 可以对 DSP 的自举方式进行更改。

进而在讨论中发现，该设备为了提升启动可靠性，设计了一个特殊的系统功能。DSP 芯片的复位 RESET 管脚由 FPGA 控制，但同时也作为输入信号送入 FPGA 中进行检测。主控 FPGA 里设计了对 DSP 自举的备用逻辑功能：若发生五次连续复位（即每次复位后都未成功运行程序），表示当前自举模式存在故障，则 FPGA 会通过改变 Boot 配置管脚电平设置处理器复位后进入另一种备用自举模式。但本次发生故障的设备样机中没有为备用自举模式提供自举程序，于是如果切换为该备用自举模式后则会进入不可启动的状态。DSP RESET 管脚上出现开关毛刺实际相当于产生多次 RESET 复位信号，触发了 FPGA 的这个备用逻辑功能，在 DSP 上则表现出死机无法复位退出的现象。

5.9.3 结论

本故障中，复位后 DSP 不能重新运行的原因是：系统多次连续复位后若仍无法正常启动，会触发主控 FPGA 将启动模式切换到备用模式，而备用模式未配置所需启动程序，最终导致 DSP 复位成功、启动未成功而死机。

这是个比较典型的复杂因果关系故障问题，关键在于未及时掌握板级外接器件的全面实际行为。Boot 配置管脚电平设置是固定值，还是可以配置的？Boot 配置管脚电平设置属于一个控变要素，应加入控变要素列表。有些因素是容易被忽视或忘记的，如何获得准确全面的行为事实？沟通如何细致全面？这些需要技巧，更需要积累。

5.10　案例 10：貌似硬件故障的软件缺陷

5.10.1　问题现象

在某系统整机低温测试中，发现某处理器与片外器件通过 SRIO 接口通信时，偶发出现 SRIO 通信故障，包括掉链和传输错误等，并且伴随程序跑飞。从现象推测程序跑飞是重复执行了 main 函数开头部分的 DDR 初始化程序。而之前单板测试中从未出现此现象。因此推测是整机在低温环境中 SRIO 通信不稳定或掉链，导致了芯片复位或程序跑飞。

5.10.2　故障定位

基于故障可复现的系统，粗略裁剪程序，得到 MFP。MFP 仅包括芯片各接口初始化（含 SRIO 初始化）和通信代码。整机低温测试不易连接仿真器和进行集成开发环境调试，因此能观测的信息很有限。同时系统级测试故障复现代价较高，MFP 未进行更严格删减，也不能开始大规模软件控变要素的测试。

在该处理器的另一种开发板系统中编译运行该 MFP，目的是查看是否存在 SRIO 不合理配置或操作。查看结果是未发现异常。

在某次重新编译 MFP 时偶然注意到在某条 printf 语句处报有一条编译警告（Warning）提示："函数调用时传递参数不正确"。继而按此线索查找，发现该程序文件未包含头文件 stdio. h。重新编译程序使其包含该头文件，编译 warning 消失。在整机系统测试中也进行此修正，故障消失，遂定位。

5.10.3　机理分析

在主程序代码中，判断发生 SRIO 掉链时会执行一个条件分支处理，该分支中有一条 printf 语句用于输出掉链信息。该 printf 语句也是该程序文件中唯一一条 printf。在编写该程序代码时确实漏加了头文件 stdio. h，编译器报了 warning 但没报 error。此 warning 提示："函数调用时传递参数不正确"。

以该头文件 stdio. h 为控变要素，对比加此头文件与不加此头文件的程序汇编代码，仔细分析 printf 函数的调用过程，并配合查看 C 编译器函数调用规则的相关文档，发现：

1）调用 printf 函数时需按指针方式传递参数，printf 函数内部对栈指针进行了压栈操作。

2）如果加了头文件，会按照 printf 函数声明的定义，采用指针参数传递参数。

3）如果不加头文件，则默认仅 A4 寄存器传递参数，与 printf 内部需按指针方式传递参数处理的要求不符。最终导致 printf 函数返回主程序时的函数返回地址错误，偶发跳转到 0x0 地址运行。

对照故障现象，有如下进一步分析：

1）并不是所有不加头文件 stdio. h 的 printf 都会跑飞，仅当 printf 中使用多个参数、需要指针传参数时才会产生错误。

2）软件中其他调用 printf 的程序文件包括了头文件 stdio. h，或是没有对 printf 使用多个参数，因此未出现故障。

3）之前单板测试时测试环境好，没有 SRIO 掉链情况发生。但软件测试覆盖不全，未测试到 SRIO 掉链的分支处理语句代码。而整机测试时环境条件不同，偶发出现掉链现象则触发了该分支执行。SRIO 掉链现象可通过调整 SRIO 配置参数得到解决。

5.10.4　结论

本故障案例呈现与硬件故障强相关的现象，但实际是由一个软件缺陷引发的。由于故障在系统级测试时才复现，并且是与 SRIO 通信相关的一个偶发事件，所以故障复现代价较高，并且可观测性非常受限。实际上解决途径是代码检查过程中留意到了编译器提示信息，以此为线索并使用控变要素方法定位到了问题。由此得到经验是：应关注每一条编译警告，确保代码无隐患。

如果该整机系统能连接仿真器和集成开发环境调试，则使用如下方法会更容易定位：运行该 MFP，在程序中判断出在 SRIO 掉链等的代码处设置多个断点，能容易抓取故障现场；而后单步运行，也容易发现程序在随后输出掉链信息的 printf 语句中跑飞，即能初步定位到是 printf 函数引发故障。

第6章 简要案例分类归纳

本章从处理器调试中的沟通、仿真调试、电源、时钟、复位、外设、自举、中断、软件、高速接口（SRIO、PCIe、DDR、网络）等多个方面，收集了86个故障案例进行分类整理和简要描述。

对案例的总结还应关注以下方面：

1）是否加入了常见问题；

2）是否加入了故障树；

3）是否积累控变要素；

4）总结出哪些基本规则（元规则）。

6.1 沟通故障

No.1 沟通案例

问：试试对这个FIFO进行"先写后读"的操作？

答：是的，是在"写"之后再开始"读"。

问：那为啥还不对呢？

答：嗯，看看波形吧。

最后发现，提问者希望的是：先写一段，写停止，再开始读一段，目的是读写交替，避免并发进行。结果答者是：先写，没停，再开始读，因此是存在读写并行的。

问题的核心在于："先写"在理解上是可能存在歧义的，"先写"是指"写开始"这个动作，还是"写存续"这个状态。双方在语言上的理解和表达都有不同，不如画个波形来得准确。

在解决方法总结方面，识别并积累三条元规则：

1）对特别关注的因素（本案中是读写并发），提问者应"显示"询问关键事实的本体，避免用推论。这里"读写交替，避免并发进行"就是提问者的核心想法。

2）在沟通中特别关注动作的起止与延续的差异。

3）一图胜千言。

6.2 仿真调试

No. 2 无法连接仿真器 1

【现象】芯片上电正常，开发环境无法连接仿真器。

【过程】

✓ 跟踪：确认开发环境没有问题，检查了上电时序。BootMode 配置的启动方式为 SPI 启动。建议配置成 NoBoot 模式，检查近芯片端的 JTAG 信号。

✓ 反馈：改了控制时序，仅控制 POR 还是不能连上仿真器。

✓ 反馈：检查到 TDO 管脚设计了一个下拉电容，将电容去掉后能正常连上仿真器。

✓ 定位：装焊时错将 22 pF 的电容装成了 0.1 μF，更换回 22 pF 之后也能正常连接。

【结论】滤波电容过大导致信号失效。

【积累】"电装错漏反"应列为检查项，加入故障树。

No. 3 无法连接仿真器 2

【现象】芯片上电正常，开发环境无法连接仿真器。

【过程】

✓ 跟踪：板级电路使用 SM0106 芯片实现 3.3 V 转 1.8 V 电平。示波器测试 JTAG 的 TDO 信号为 1 MHz 的方波，与 TCK 信号完全相同。建议用万用表测试 TDO 与 TCK 是否短接在一起。

✓ 定位：发现电平转换芯片的 TDO 与 TCK 管脚短路，焊接留下一个很小的焊锡球。

　　↳ 解决：去掉该焊球锡后仿真器能正常连接，且将仿真器频率升到 15 MHz，仿真器连接正常。

　　【结论】多余物引起管脚短路，导致 JTAG 接口无法正常工作。

　　【积累】多余物和"电装短路"应列为检查项，加入故障树。

No. 4　无法连接仿真器 3

　　【现象】开发环境无法连接仿真器。DSP 时钟输出正常，TRST 有断断续续的下拉。

　　【过程】

　　↳ 跟踪：查看原理图，发现 TRST 接 1 kΩ 的下拉电阻，阻值过小，建议查看一下靠近 DSP 端波形。

　　↳ 解决：将 1 kΩ 下拉电阻去掉。去掉后可以正常连接。

　　【结论】TRST 下拉电阻过强导致信号不正常。

　　【积累】"电阻阻值"应列为检查项，加入故障树。

No. 5　无法连接仿真器 4

　　【现象】一块板卡上装有两块 DSP，使用菊花链方式连接时，开发环境无法连接仿真器。确认开发环境没问题，使用芯片配套开发板可以连接上仿真器。

　　【过程】

　　↳ 跟踪：发现 JTAG 的 PD 电压设计成了 1.2 V，而参考设计是 3.3 V。

　　↳ 解决：将该电压调成 3.3 V 后问题解决。

　　【结论】JTAG PD 电压设计错误。

　　【积累】"JTAG PD 电压"应列为检查项，加入故障树。

No. 6　无法连接仿真器 5

　　【现象】开发环境无法连接仿真器，测试 CLKIN 和 CLKOUT 信号都正常。

　　【过程】

　　↳ 跟踪：测试 JTAG 端口信号发现异常，TCK 无法拉低。测试接 TCK 信号串接的排阻 RN1 实际为 1 kΩ，而设计预期是 33 Ω。

∨ 解决：将该排阻改为 33 Ω 后能稳定连上仿真器。

【结论】串接电阻过大导致信号失效。

No. 7 无法连接仿真器 6

【现象】开发环境无法连接仿真器。

【过程】

∨ 跟踪：发现 JTAG 接口加了 20～30 cm 的延长线。建议将延长线改短试一下。

∨ 解决：延长线改短后能连上仿真器。

【结论】JTAG 延长线太长导致信号失真。

No. 8 未正常连接仿真器

【现象】开发环境可以连接仿真器，但读回芯片控制寄存器值为 0xFFFFFFFF，即没有正常连接。

【过程】

∨ 跟踪：电脑环境正常，仿真器识别正常，驱动已正确替换。

∨ 定位：检查到自举模式（BootMode）管脚配置成了 11111。此配置为保留模式。

∨ 解决：将 BootMode 改成 NoBoot 模式之后问题解决，仿真调试正常。

【结论】BootMode 不可配置为保留模式。

No. 9 固化程序后无法连接仿真器

【现象】将代码烧录到 FLASH 中，重新上电后连不上仿真器。

【过程】

∨ 跟踪：建议将板上的启动模式改成主机启动或 NoBoot 模式，这样就不会从 FLASH 里面读程序。可能是 FLASH 中烧写的程序有错误导致 DSP 故障而无法连接仿真器。

∨ 跟踪：将 FLASH 内容擦除，问题解决（板上 FLASH 和 DSP 之间是通过 FPGA 转接的，所以可以不通过 DSP 将 FLASH 擦除）。

【结论】烧录到 FLASH 中的程序异常导致连不上仿真器。

6.3　电源和上下电相关

No. 10　偶发启动不成功 1

【现象】某 DSP 板卡存在偶发启动不成功的现象。

【过程】

∨ 跟踪：DSP 启动运行时 FLASH 还处于复位状态，因此读取程序失败。

【结论】"FLASH 退出复位"应在"DSP 退出复位"之前。

No. 11　内核电源电阻异常

【现象】某板卡装焊后，DSP 内核电源对地静态电阻为 50 Ω，需要确定芯片是否有问题。

【过程】

∨ 跟踪：测试两颗同批次库存芯片的内核电源对地电阻均为 120 Ω 左右。测试 DSP 开发板内核电源对地电阻均为 50 Ω。

∨ 定位：板卡上的内核电源不但连接电源芯片而且会并联若干电容，故电阻变小（从 120 Ω 到 50 Ω）为正常情况。

【结论】板级测试内核电源对地电阻为 50 Ω 属正常情况。

No. 12　时钟输出故障

【现象】ECLKOUT 时钟输出有问题。

【过程】

∨ 跟踪：示波器观测到芯片内核电源波动很大，最大峰峰值可达 1 V，建议先检查电源。

∨ 跟踪：定位到板级电源电路的问题。通过更改滤波电容解决。

【结论】电源纹波太大。

No. 13　电流增大现象

【现象】某 DSP 板卡做 125 ℃ 的高温试验时，3.3 V 电源电流波动很大，超过稳定值的20%，存在异常。

【过程】

∨ 跟踪：了解到3.3 V电源除了给DSP供电还给FPGA等其他器件供电。建议逐一排查其他器件。

∨ 定位：通过电性能测试，检查到板上FPGA的几个I/O脚损坏，电流变化是由此引起的。

【结论】FPGA的I/O故障导致3.3 V电源电流波动。

No. 14　多块板上电内核电流有差异

【现象】共六块DSP板卡，其中有一块内核电源电流与其他板卡存在差别。该板卡放置半天后再上电时，内核耗电流为147 mA，比其他板卡多7 mA。对该板卡下电、再上电时，耗电流降至140 mA。其他板卡下电、再上电时耗电流仍为140 mA左右。通过X光观察该异常板卡，焊点正常。

【过程】

∨ 跟踪：该型DSP除了I/O脚采用3.3 V供电外，其他所有的片内逻辑、RAM等都采用1.9 V供电。

∨ 跟踪：芯片片内存储器是SRAM结构。SRAM上电后其每个bit位存储的数据一般是随机值，但也可能存在一定的分布规律，即各bit位是0或1的比例不相同。而对于SRAM体来说，存储0和1时消耗的电流是不同的，因此上电后可能出现不同芯片内核电流不同的情况。

∨ 解决：先将片内程序存储器和数据存储器都写成相同的值（如全0或全F），再测试耗电流情况。电流测试正常，结果稳定。

【结论】上电后片内存储器为随机值，会导致内核电流不同。

No. 15　程序执行故障1

【现象】某SoC芯片中执行一行循环代码异常。for（$i=0$；$i<4$；$i++$）语句中i的值会被改写成比4大的数，导致for循环语句执行四次以上，有时还会出现跑飞现象。SoC芯片采用系统级封装（System In a Package，SIP）方式实现，内部集成了包括DSP和FPGA在内的多种裸片。DSP和FPGA用同一块时钟芯片引出两路分别供时钟，DSP采用旁路模式，FPGA工作频率为120 MHz。

【过程】

▼ 跟踪：DSP 工作在主频 60 MHz 时呈现不稳定状态，有时上电工作一直稳定，有时上电后很快运行出错。这给继续使用控变要素法判断故障点带来了很大干扰。所以第一步是找到一种确定 DSP 正常与否的可靠量化方法。经过尝试确定如下方式：DSP 执行连续 9 个 for 循环空操作，再依次判断各个变量的数值，都正确则最后 error = 0，通过判断 error 是否为 0 以及计错的概率，来判断 DSP 的稳定性。

▼ 跟踪：将 FPGA 逻辑只保留给 DSP 的复位逻辑，其余逻辑都删除。反复测试 DSP 能够稳定工作。但是 FPGA 中加任意一个模块逻辑都会改变 DSP 工作的稳定性。

▼ 跟踪：降低 FPGA 工作频率，发现 DSP 工作更加不稳定，循环检测程序 error 的数值变得更加怪异。FPGA 工作频率变低反而 DSP 工作更加不稳定有点不合理，看起来像是低频时带来了某种干扰。

▼ 跟踪：整个 SIP 已经封装完成，只能在板卡上找测试点。在离 SIP 芯片最近的地方找到三个电源点，刮开三防漆，并联大电容。逐步增大电容值（10 μF、47 μF、100 μF 递增），可以观测到随着电容值的增加，DSP 运行呈现越来越稳定的现象，但还是偶尔会出错。

▼ 跟踪：在 DSP 工作在 60 MHz 频率时，做了各种板级的尝试，均不能完全解决工作不稳定问题。

▼ 跟踪：降低 DSP 输入时钟频率，将 60 MHz 晶振改为 40 MHz，SIP 系统能够正常运行，接口功能也正常，之前的故障都不存在。

▼ 跟踪：在进行 85 ℃ 高温测试时，DSP 有跑飞的现象。并且只要 FPGA 发生处理动作，DSP 都会出现不正常现象。怀疑是 FPGA 动作导致电源塌陷，建议绕开电源板直接用外接电源供电。

▼ 解决：绕开电路板电源，采用外接电源单独供电后，85 ℃ 时系统工作正常。

▼ 总结：调试 SIP 难度大，电源、时钟频率等都对系统稳定性有影响。

【结论】电源干扰导致 DSP 程序执行异常。

6.4 时钟相关

No. 16 无法连接仿真器 7

【现象】仿真器 USB 设备已被 PC 机正确识别，驱动程序工作正常，但是开发环境无法连接仿真器。

【过程】

ˇ跟踪：用示波器测试 DSP 外围电路，发现 DSP 没有时钟输出。进而发现输入时钟频率正确，但幅值不够，导致芯片识别不了时钟信号。

ˇ解决：去掉晶振到 DSP 时钟之间串接的 68 Ω 电阻，直接将晶振输出短接到 DSP 输入时钟。时钟信号正常后可以稳定连上仿真器。

【结论】输入时钟串接电阻过大导致输入时钟不符合要求。

No. 17 无法连接仿真器 8

【现象】开发环境无法连接仿真器。测试电源、输入时钟和复位正常，但发现 CLKOUT2 和 ECLKOUT 没有时钟输出，上电后 CLKOUT2 有时为高有时为低。

【过程】

ˇ跟踪：发现板级晶振提供的时钟经过分压后再送入 DSP，导致输入时钟电平只有 1.2 V，正常应该为 3.3 V。

ˇ解决：将分压电阻去掉后，DSP 输出时钟恢复正常，能连接上仿真器。

【结论】输入时钟电平不够导致没有时钟输入。

No. 18 运行不稳定

【现象】DSP 芯片在高温 55 ℃ 下，程序运行 5～10 min 会出问题，复位后能正常工作 5～10 min。现共有四套设备，其中一套有该问题。

【过程】

ˇ跟踪：检查板级电路，输入时钟正常，输出时钟未检测，连上仿真器程序直接跑飞。建议检查程序是从哪里开始不正常的。

▽ 跟踪：细致查找程序运行开始不正常的位置。

▽ 定位：发现是时钟信号质量问题。改板之后故障消失。

【结论】时钟信号质量差导致芯片工作不正常。

No. 19　低温启动不成功

【现象】低温下，多块板普遍存在自启动偶发不成功的问题。

【过程】

▽ 跟踪：查看芯片输出时钟波形，发现 PLL 有多次锁定现象。

▽ 跟踪：分析程序代码，发现程序中累计配置了三次 PLL。

▽ 解决：简化为仅配置一次 PLL 后，问题解决。

【结论】重复配置 PLL 时未满足 PLL 配置要求。

6.5　复位相关

No. 20　无法连接仿真器 9

【现象】开发环境无法连接仿真器。

【过程】

▽ 跟踪：建议测试板级时钟、电源和复位信号是否正常。

▽ 跟踪：测试发现复位状态标志信号（RESETSTAT）一直为低，且没有时钟输出。建议检查复位信号。

▽ 定位：发现其中一个复位控制信号的焊点与 GND 有粘连，所以芯片一直处于复位状态而连不上仿真器。处理之后能正常连接仿真器。

【结论】DSP 一直处于复位状态导致无法连接仿真器。

No. 21　无法连接仿真器 10

【现象】前一天开发环境能连接上仿真器，今天就不能正常连接了。

【过程】

▽ 跟踪：测试发现复位状态标志信号（RESETSTAT）一直为低。建议检查复位信号。

▽ 跟踪：测试发现，DSP 上电期间 RESETSTAT 为 1；DSP 上电完成，RESETSTAT 立刻为 0；然后进行复位。复位完成后 RESETSTAT 仍为 0。各复位信号由 FPGA 控制，以上各信号时序也由 FPGA 内嵌调试工具测得。建议用示波器直接测试靠近 DSP 管脚端的各复位信号。

▽ 跟踪：发现某复位控制信号高电平幅值不够，仅有 0.58 V。将该复位信号的 4.7 kΩ 下拉电阻去掉后，问题解决。该复位控制信号由 FPGA 驱动，可能是 FPGA 管脚驱动电流不足，无法将其上拉到高电平。

【结论】复位控制信号幅值不够，DSP 处于复位状态导致无法连上仿真器。之前可以连接成功可能是处于临界态。

No. 22　无法连接仿真器 11

【现象】开发环境无法连接仿真器。查看仿真器驱动输出的日志文件，芯片类型和核数目已经正确识别，但是内部寄存器值无法读取到。

【过程】

▽ 跟踪：查看原理图得知，该系统设计为由 FPGA 向 DSP 提供时钟和复位信号。

▽ 跟踪：发现是该 FPGA 没有固化程序，因此没有为 DSP 提供时钟和复位信号，导致连接不上。FPGA 固化正确程序后可以完成正常连接。

【结论】DSP 没有输入时钟和复位，导致无法连接上仿真器。

No. 23　存储器部分数据移位

【现象】某 SoC 芯片样片测试验证过程中，发现用仿真器调试时偶发出现程序执行错误和死机错误。该 SoC 使用某处理器 IP 核作为主处理器。

【过程】

▽ 跟踪：在 IDE 查看故障现场，缩减故障范围。定位到某段存储器数据内容移位，覆盖了另一段数据。

▽ 跟踪：反复测试，根据缺失内容现象推测，这是一种类 FIFO 机制的错误，错误位移的数据似乎是某次传输的末尾数据。复查芯片内部各 FIFO 深度，未发现设计异常。

▽ 跟踪：测试死机错误与哪些 IDE 操作相关，未有进展。

▽ 跟踪：与硬件设计师讨论芯片结构和数据通路，画出草图。与处理器

IP 核互连的模块主要有 AXI2AXI 桥等。

∨ 定位：偶然发现处理器 IP 核的复位信号与全芯片复位信号是不同的信号，影响范围有差异。而该 AXI2AXI 桥模块同时使用了这两种复位信号，两种复位信号在调试时可能存在不同步的现象。如果非同步复位发生在传输数据时，接口 FIFO 中的残存数据可能会导致系统功能故障，遂定位。

【结论】模块复位与全芯片复位不一致，导致模块接口 FIFO 中的残存数据传输错误。

No. 24　复位后 PC 值不正确

【现象】使用 IDE 复位菜单对某处理器进行全芯片复位（System Reset），芯片 PC 值指向 0x20000001（正确值为 0x20000000）。另有几个中断相关寄存器也不正常。一批 15 块板卡中有 2 块出现该问题。

【过程】

∨ 跟踪：查找硬件电路，发现 JTAG 接口 TRST 管脚浮空。

∨ 解决：将 TRST 管脚接固定电平后故障消失。

【结论】TRST 管脚浮空导致仿真调试单元工作不正常，进而影响芯片正常工作。

6.6　存储器接口

No. 25　EMC 访问出错

【现象】EMC 接口外接 16 位 FLASH 访问错误。FLASH 接口地址为 0x2AA，该地址存储在变量 FLASH_Add 中。FLASH 驱动程序先将 FLASH_Add（0x2AA）左移 1 位，再执行 * FLASH_Add = 0x55。但总线抓到的波形不是 0x55。

【过程】

∨ 跟踪：程序中将变量 FLASH_Add 错误定义成了 int 型，改成 short 型问题解决。

【结论】访问 FLASH 的变量类型与 FLASH 的位宽不适配。

No. 26　EMC 扩展 USB 接口不稳定

【现象】通过 EMC 接口扩展 USB 接口，出现访问不稳定的现象。具体为通过 EMC 接口写 USB 接口芯片中的 FIFO，多次写之后会丢数据，导致 FIFO 不满，对端 PC 机取不走数据。

【过程】

∨ 跟踪：多次复位 FIFO 芯片会有明显改善。若数据未完整发送，继续多次复位 FIFO 可以将数据传输完成。建议简化程序，通过 USB 芯片做反复回环测试。

∨ 跟踪：发现上行（USB 设备到 PC 机）发送特定数据包一定会不成功。怀疑发送了某些特定的关键字导致和 USB 协议有冲突，但暂未确认。任意修改这个数据包中的某个字节就可以发送成功。但使用另一块 USB 开发板无此现象。怀疑 EMC 到 USB 数据通路存在问题。建议用示波器来测试 DSP 发出的数据包是否丢失。

∨ 跟踪：发现问题与 DSP 关系不大，更换 USB 线缆后传输误码率大幅减小，最高出现了传输一万次无误码。

∨ 解决：最后定位是硬件系统不稳定。系统改为了更可靠的接地，USB 线缆加磁环，USB 线缆缩短长度，彻底解决问题。

【结论】硬件系统不稳定导致 USB 数据传输不稳定。

No. 27　FLASH 无法固化

【现象】使用某 DSP 新生产三块板卡，FLASH 固化程序都失败。之前生产板卡均正常。

【过程】

∨ 定位：EMC 接口还挂接了另一类型器件。此次生产装焊中，发现另一类型器件错误处于输出状态，将 EMC 输出信号拉在固定电平导致 FLASH 固化失败。

【结论】其他器件影响 EMC 信号无法正常驱动 FLASH。

No. 28　高温 FLASH 自举故障

【现象】某板卡测试中，环境温度升至 70～80 ℃时，DSP I/O 电流增大，

FLASH 自举不成功；但在线仿真模式运行正常。在给 DSP 芯片外壳涂酒精降温后，FLASH 自举成功。

【过程】

∨ 解决：EMC 地址总线上的 1 kΩ 上拉电阻错误装成了 22 Ω，改为1 kΩ后问题解决。

【结论】电阻电装"错漏反"。

No. 29　启动不成功 1

【现象】某板卡 DSP 启动不成功，二次搬移的程序不正确。

【过程】

∨ 跟踪：板卡 DSP 启动后程序在片外 SRAM 中运行，二次搬移时按 8 位字节宽度将程序从 FLASH 搬移到该片外 SRAM 中。发现片外 SRAM 的位宽是 32 位且没有接字节使能信号，所以搬移的数据不正确。

∨ 解决：按 32 位宽度进行数据搬移。

【结论】未按片外 SRAM 的位宽要求进行数据搬移。

No. 30　存储器故障

【现象】在程序中先后执行 A = atan(0.43) 和 B = atan(0.43) 两条指令，结果 A≠B。

【过程】

∨ 解决：发现程序堆栈放在片外 SRAM 空间中。将该堆栈改放在片内存储器后运算正常。

【结论】片外 SRAM 工作不稳定，对部分存储地址读写失效。

No. 31　程序执行故障 2

【现象】程序执行异常。

【过程】

∨ 跟踪：定位到是某应用函数运行不正确。汇编单步定位到此函数的某 C 语言赋值执行异常，该赋值语句是对 CE0 存储空间写数据。

∨ 定位：发现 CE0 空间外接某 32 位 SRAM 存储器。该款 SRAM 没有字节使能（Byte Enable）。但程序编译出来进行了字节（Byte）指令存储操作，导致程序写入值错误。

    ∨ 解决：将变量改为 int 型后问题解决。

【结论】访问片外 SRAM 的变量类型不符合该 SRAM 的使用要求。

No. 32　访问 SDRAM 出错

【现象】读片外 SDRAM 数据出现错误，错误的地址和数据位是偶发的。

【过程】

    ∨ 解决：更换更高质量的时钟晶振后，故障消失。

【结论】外接时钟晶振抖动过大，导致偶发 SDRAM 读时序不满足要求。

No. 33　高温 SDRAM 故障

【现象】在 75 ℃ 下对 SDRAM 进行测试，出现读写不一致的异常。读 SDRAM 时用示波器抓取近处理器端的时钟信号、各个片选信号以及部分数据信号（D0、D12）。从示波器波形上看，D12 读到的是 0；但从程序和 IDE memory 窗口观察，读到的值是 1。

【过程】

    ∨ 状态：程序都放在片外 SDRAM 运行。处理器主频 496 MHz，片外存储接口频率 99.2 MHz。

    ∨ 跟踪：发现写入高低 16 位再组合成 32 位也不正确（程序写入 SDRAM 两个 16 位的数据，再拼接起来组成一个 32 位的数据）。从 IDE memory 窗口观察到，两个 16 位数据是正确的，但组合后的 32 位数据的 bit 12 出现错误，由 0 变成 1。

    ∨ 解决：将 D12 管脚串接的 33 Ω 电阻短接之后，读取数据正常，与抓到的波形一致。其他写入不一致的问题，也通过调整匹配阻抗解决。

【积累】存储器接口数据线阻抗不匹配，高温下接口时序变化导致读写异常。

6.7　低速外设接口

No.34　I2C 故障

【问题】I2C 读写出错。

【过程】

▽ 跟踪：示波器抓取 I2C 接口信号波形发现存在毛刺。SDA 脚上拉电阻为 10 kΩ 时毛刺幅值为 2 V，上拉电阻为 4.7 kΩ 时毛刺幅值为 3 V。仅写操作有毛刺，读操作没有毛刺。

▽ 跟踪：进一步查看波形确认不是毛刺。SDA 信号第 9 拍是 ACK 信号，ACK 为"低"有效。ACK 的下一拍从设备释放 I2C 总线，总线恢复空闲状态被上拉电阻拉"高"，又立刻被主设备拉"低"开始写下一个数据。SDA 被拉高的时间很短看起来像毛刺。

▽ 解决：将上拉电阻改为 1 kΩ，拷机 8 h 测试都正常。

【结论】I2C 总线的上拉电阻阻值过大，与 I2C 管脚电流驱动能力不匹配，使得信号边沿变化速度过缓，导致 I2C 读写出错。

【积累】"I2C 总线的上拉电阻阻值"应列为关注项，阻值应与具体器件相关并经实测确认。

No.35　SPI 自举启动不成功

【问题】通过 SPI FLASH 自举启动不成功，但程序在线运行正常。

【过程】

▽ 跟踪：经排查，板级自举模式配置处理器主频为 1 GHz。在 1 GHz 下 SPI 接口的时钟频率大于该 SPI NOR FLASH 允许的最高读时钟频率。

▽ 解决：DSP 降频为 800 MHz 后，每次都可以启动成功。

【结论】SPI 接口时钟频率设置不当导致启动不成功。

No.36　串口无输出

【现象】运行操作系统后没有输出打印信息。

【过程】

∇ 跟踪：该打印信息是设置为通过串口输出。没有连接串口线，所以没有输出。

∇ 跟踪：接上串口线后，串口仍然没有输出信息。

∇ 跟踪：最后发现所采购的串口线孔太深，导致信号没接触上。

【结论】串口信号没有可靠连接串口线。

No. 37　串口发送数据异常

【现象】将可配置串行接口配置为 SPI 接口模式使用，帧同步信号和时钟都能产生，但是发送不了数据，不管发什么数值，数据线上都是全"1"。

【过程】

∇ 跟踪：发现是测试时收发管脚搞错了。

【结论】测试方法错误。应该测发送数据管脚，而实测的是接收数据管脚。

No. 38　GPIO 输出异常

【现象】GPIO 接口不能输出高低电平信号。

【过程】

∇ 检查硬件配置，发现硬件设置成了使能"主机接口（Host Port）"模式，导致 GPIO 输出不正常。修改后 GPIO 能正常输出。

【结论】Host Port 接口管脚复用 GPIO 管脚。在 Host Port 模式时会禁止 GPIO 输出。

6.8　自举相关

No. 39　自举不成功 1

【现象】外部并口存储器自举（EMC 自举）不成功。

【过程】

∇ 跟踪：启动时，FPGA 控制了芯片自举模式配置脚的信号，导致启动方式不是 EMC 启动。

【结论】启动方式不对。

No. 40　二次自举启动不成功 1

【现象】程序采用二次自举方式，应用程序启动不成功。

【过程】

Ⅴ 跟踪：定位到是程序有误。在一次自举程序末尾处的跳转地址错误，未能指向二次自举程序所在的代码段，所以没执行二次自举程序代码，应用程序也没有搬到指定地址。修改之后能正常启动。

【结论】程序与实际功能不符。

No. 41　二次自举启动不成功 2

【现象】应用程序启动不成功。

【过程】

Ⅴ 跟踪：采用二次自举方式。首先加载一次 Boot 程序，再由一次 Boot 程序引导应用工程启动。Boot 程序能正常执行完毕。

Ⅴ 跟踪：发现从 Boot 程序跳转到应用程序入口过程中程序代码段被修改，导致程序跑飞。

Ⅴ 跟踪：发现 Boot 程序和应用程序的程序入口地址相同，在自举过程中被改写。

Ⅴ 解决：将 Boot 程序的程序入口地址与应用程序的程序入口地址错开之后启动可以成功。

【结论】两个先后执行的程序的入口地址重叠导致程序跑飞。

No. 42　启动不成功 2

【现象】应用程序启动不成功。

【过程】

Ⅴ 跟踪：建议检查自举 FLASH 芯片 RESET、ARE、CE 等信号行为是否与预期一致。

Ⅴ 跟踪：发现 FLASH 芯片复位时间比 DSP 复位时间长。调整 FLASH 芯片的复位时间后启动成功。

【结论】FLASH 芯片复位时间超过 DSP 复位时间，导致 DSP 从 FLASH 读取数据错误。

【积累】若 FLASH 有复位管脚，FLASH 的复位操作应在 DSP 的复位之前完成，避免 DSP 在启动时 FLASH 还处于复位状态或未完成复位造成 DSP 读取数据错误，而导致启动失败。

No. 43　偶发启动不成功 2

【现象】固化程序后偶发启动不成功。

【过程】

∨ 跟踪：发现 JTAG 复位信号 TRST 是通过 4.7 kΩ 电阻上拉的。去掉该 TRST 上拉电阻后，问题解决。

【结论】TRST 上拉使某次上电后 JTAG 进入调试模式，控制了芯片状态导致自举程序无法运行。

【积累】在芯片板级设计中应使 TRST 管脚处于下拉状态，否则可能影响芯片稳定自举启动。TRST 管脚在芯片片内已下拉，外部不应进行上拉。从可靠性角度出发，建议 TRST 管脚在片外下拉。

No. 44　自举不成功 2

【现象】EMC 接 16 bit FLASH。从该 FLASH 启动不成功。

【过程】

∨ 跟踪：通过示波器发现从 FLASH 搬移的数据不正确（是全 F）。所以先查找 FLASH 功能是否正常。

∨ 跟踪：通过程序向 FLASH 中烧写一段递增数据，然后立即将该段数据通过 IDE 存储器窗口读回，此时读取的数据是正确的。通过程序将该段 FLASH 中数据搬移到处理器片内存储器中，从片内存储器中读出数据也是正确的。但是将板卡断电后，重新连上仿真器进行调试，未进行过 FLASH 擦除操作，通过 IDE 读取 FLASH 的数据为全 F。

∨ 解决：发现是设计处理器 EMC 接口与 FLASH 互连时，由于 EMC 地址线不够，所以将 A20～A22 三根地址线由 FPGA 控制。但 FPGA 中未设计对应控制逻辑导致该三根地址线一直为高阻态，在不同操作条件影响下，FLASH 接收到三根地址线的信号有时为高电平有时为低电平（从实际情况来看，刚上电处理器未操作时与 EMC 有操作时读入电平不同），从而导致处理器访问 FLASH 时读数据不正确。通过 FPGA 将该三根地址线固定拉低后，问题解决。

【结论】因为 DSP 做 EMC 启动时会从 FLASH 的首地址搬移数据，如果对 FLASH 做了地址扩展，需注意在启动过程中 FLASH 的扩展地址管脚是否处于可控状态。

No. 45　自举不成功 3

【现象】EMC 自举不成功。

【过程】

▽ 发现：电路板上 EMC 接口接了 16 bit 位宽的 FLASH 器件，并且该 FLASH 只支持 16 bit 位宽读写。而某处理器 EMC 自举启动（一次自举）时仅支持 8 bit 位宽的 FLASH。因此出现读程序错误。

▽ 解决：采用软件解决方案，将一次自举的烧写数据按 8 bit 位宽生成，再扩展为 16 bit 位宽；扩展方法为将其高 8 bit 用 0xFF 进行填充。二次自举程序仍按 16 位存放，二次自举启动按照 16 位方式搬移。

【结论】FLASH 芯片不满足处理器启动时对位宽的要求，但可用软件方法规避。

No. 46　自举不成功 4

【现象】EMC 自举不成功。

【过程】

▽ 跟踪：配置仿真器工作模式，使 IDE 连接处理器时不对处理器复位。在 EMC 自举不成功后，用此方法连接仿真器，用 IDE 查看处理器当前运行状态，发现自举搬移后程序代码出现有规律的错误。

▽ 解决：发现 EMC 连接的是 16 位 FLASH，但是处理器自举模式配置的是 32 位 FLASH 启动。修改后启动正常。

【结论】自举模式配置错误。

No. 47　多核自举不成功

【现象】在某 8 核处理器使用过程中，生成一个 8 核引导例程，通过 IDE 将例程加载。故障现象是只有核 0 正常启动，其他核没有正常启动。而相同例程格式转换后烧到 FLASH 中，上电后 FLASH 自举启动，8 个核均可正常启动。

【过程】

✓ 跟踪：配置仿真器工作模式，使 IDE 连接处理器时不对处理器复位。故障复现时发现是核间中断未触发。

✓ 跟踪：在核 0 里将其他 7 核的程序入口地址分别赋值到各核的 DSP_Boot_Addr寄存器（存放该核起始执行地址）中，然后核 0 向其他 7 核发送核间中断。通过 IDE 调试发现，DSP_Boot_Addr 寄存器赋值正常，但核 0 发给其他 7 核中断后，其他核没有响应该中断。

✓ 解决：发现其他核没有响应中断的原因是受到 IDE 仿真停的影响。即：如果将 8 个核都连接后，但只将引导例程加载至核 0，此时其他核处于仿真停状态，无法响应核 0 运行发出的 IPC 中断，所以无法启动执行。

【结论】仿真停影响了处理器核响应中断。

No. 48　振动试验后自举不成功

【现象】某电路板之前测试均正常。做完振动试验后，处理器启动不成功，且无法连接仿真器。

【过程】

✓ 跟踪：发现上电启动时用手按压电路板上的处理器外壳，即能启动成功。

✓ 定位：确认振动试验后器件发生虚焊导致无法从 FLASH 里启动。

【结论】应重新焊接板上相关器件。

6.9　中断相关

No. 49　频繁进中断

【现象】UART 接口的接收中断工作正常，但是上位机发出一个字节，处理器会不停地触发接收中断。

【过程】

▽ 跟踪：发现 UART 接收中断服务函数中没有读取接收数据，接收到的数据一直留存在 UART 部件的接收数据 FIFO 中。当程序跳出中断时，由于接收数据 FIFO 中还有数据，所以会再次触发接收中断。

▽ 解决：程序改为在接收中断服务函数中读完 FIFO 数据，问题解决。

【结论】接收数据处理不当。

No. 50　中断导致程序重新运行

【现象】在某多核处理器中，核 1 给核 0 发出核间中断，会导致核 0 错误进入复位中断入口，致使程序重新从 0 地址开始运行。

【过程】

▽ 跟踪：发现是软件问题——定义中断服务函数时没加 interrupt 关键字，编译器在中断服务函数退出时未使用中断返回寄存器，而是按一般函数返回方式编译，因此返回地址出错，跳转到 0 地址开始运行。

▽ 解决：定义中断服务函数时增加 interrupt 关键字。

【结论】对中断服务函数定义时未加 interrupt 关键字。

No. 51　中断丢失

【现象】处理器主频为 100 MHz，通过 GPIO 接口触发外部中断。当中断间隔为 125 μs 时会出现丢失中断的情况。如将中断间隔调整为 250 μs，则中断不会丢失。

【过程】

▽ 解决："增大中断间隔时间"或"减小中断服务函数的执行时间"均能解决问题。

【结论】中断服务函数执行时间应小于中断间隔时间。

No. 52　接收不到中断

【现象】一块板上装有两颗 DSP，其中一颗作为串口接收端时接收不到外部传过来的数据。

【过程】

▽ 跟踪：发现两颗 DSP 使用的是不同串口部件，但共享了同一套软件程序。作为接收的 DSP 使用串口 0，但程序中错误配置了串口 1 中断。中断源没

有被正确映射导致收不到中断。

【结论】中断源映射错误导致接收不到中断。

No. 53 温度冲击后中断无响应

【现象】某颗处理器芯片在做完温度冲击试验（温度范围 −40 ~ 70 ℃；温度保持时间 30 min；循环次数 10 次）后，发现外部中断信号 INT5 无响应。在进行温度冲击前能正常响应该中断。

【过程】

▽ 跟踪：通过 FPGA 向 INT5 管脚发一个方波信号。使用示波器测量 INT5 管脚，在示波器上看到稳定的方波。因此 FPGA 发送端没有问题，但是外部中断 5 没有响应。

▽ 跟踪：在板卡上补焊该管脚，发现故障现象没有发生变化。

▽ 跟踪：将故障芯片解焊后更换一片，故障消失。

▽ 跟踪：将该故障芯片进行 ATE 复测。在对 INT5 管脚进行电气特性测试时，发现 INT5 管脚对地开路，应是在温度冲击试验中被损坏。

【结论】INT5 管脚在试验中发生损坏故障。

6.10 软件问题

No. 54 某处理器程序开编译优化选项后执行出错

【现象】某处理器程序开编译优化选项后对 FPGA 写操作无效。

【过程】

▽ 跟踪：编译器优化时认为对 FPGA 写操作语句是无效语句，因此将其优化去除。

▽ 解决：为所有绝对地址访问语句增加 volatile 关键字，编译器则不会对其优化。

【结论】编译优化使用不当。

No. 55　函数执行出错

【现象】函数内计算正确，返回值不正确。

【过程】

▽ 跟踪：发现函数返回值数据类型与函数定义不符。

▽ 解决：更改函数返回值数据类型。

【结论】数据类型操作错误。

No. 56　程序偶发跑飞

【现象】程序偶发跑飞，跑飞地址未知。

【过程】

▽ 跟踪：使用二分法跟踪栈指针和栈内容（stack），发现栈内容在某处被偶发改写。进而查找到有数据指针超过数组长度，发生溢出。

▽ 解决：纠正数组指针计算方法。

【结论】数组溢出。

No. 57　程序跑飞

【现象】新添加一个算法函数后程序跑飞。

【过程】

▽ 跟踪：在 IDE 中单步调试跟踪栈指针和栈内容（stack），发现栈使用深度超过了预先设置。原因是添加的算法函数内定义了一个大数组，该数组为临时数组，被分配到栈空间内，导致栈溢出。

▽ 解决：将该大数组定义在函数外，即定义成全局数据，由编译器静态分配。或使用 malloc 函数，令其使用堆空间。堆空间在分配时会计算剩余空间大小。

【结论】栈溢出。

No. 58　程序执行到访问某个全局变量时出错

【现象】程序执行到访问某个全局变量时出错。

【过程】

Ⅴ 跟踪：发现程序中的该全局变量名与另一个局部变量名相同，因此发生了冲突，但编译没有报错。

Ⅴ 解决：将全局变量改名后错误消失。

【结论】变量名冲突。

No. 59　程序偶发跑飞，无法启动

【现象】处理器偶发跑飞，程序无法正常启动。

【过程】

Ⅴ 跟踪：发现处理器在复位后启动执行的第一条汇编指令为"StoreWord A0，＊A15"，由处理器硬件结构决定了 A15 寄存器上电后的初始值是随机值。

Ⅴ 解决：复现故障后连接 IDE 查看处理器内部状态，确认本次故障时 A15 的初始值为 0x00007FFC。而后执行"StoreWord A0，＊A15"指令将 A0 寄存器中的数值写入了 0x00007FFC 这个地址处，而该地址存储了程序代码。因此程序执行到该处时导致程序跑飞。

Ⅴ 跟踪：在使用任何寄存器作为读写地址之前都应将该寄存器进行初始化，并且处理器复位后执行的汇编代码无须压栈和出栈操作。建议删除该条汇编指令。

【结论】程序不规范导致程序段被错误修改。

No. 60　程序运行多种故障

【现象】调试时发现程序有进不了主函数、打不了断点、运行容易跑飞或者加载不进去等多种不正常现象。

【过程】

Ⅴ 跟踪：发现程序代码段存储在片外 SDRAM 中。但程序代码中为了测试存储器，对该 SDRAM 进行了遍历读写，程序代码被自身修改，且在加载程序前没有对该 SDRAM 空间进行合理参数配置。

Ⅴ 解决：更改以上问题后可以稳定调试。

【结论】在调试过程中使用外部存储器前需先对该外部存储器进行正确配置。特别是在使用片外存储器加载程序时，需要采用其他方式提前配置好该片外存储器，如使用 IDE 中的配置菜单，或先加载仅使用片内存储器的程序，

让该程序执行初始化片外存储器功能，再加载存放于该片外存储器的程序。

No. 61 程序稳定跑飞

【现象】调试时出现程序稳定跑飞。

【过程】

ⅴ 跟踪：发现程序代码段存储在片外 SDRAM 中。但为了测试存储器，在程序代码中对该 SDRAM 进行了遍历读写，遍历读写时覆盖了程序代码段，程序代码被自身修改而执行错误。

ⅴ 解决：依据链接器对存储空间的分配结果，调整 SDRAM 遍历读写测试边界后可以稳定调试。

【结论】注意对存储器读写测试时避开程序段自身使用的部分。

No. 62 片内存储空间运行程序出错

【现象】某处理器在进行 FFT 计算时，若将数据放在片外 DDR 存储器中则计算结果正确；若将数据放在片内存储器（SMC）中则会计算出错。

【过程】

ⅴ 跟踪：该处理器 SMC 中的数据默认进入 L1D Cache 被缓存，DDR 中的数据需要程序设置才能进入 L1D Cache 被缓存。在本例中，用户程序未设置 DDR 数据可进 Cache，因此推测可能是数据存放在 SMC 中时出现 Cache 一致性问题。建议对计算数据的 Cache 一致性进行维护。

ⅴ 解决：确认是 Cache 一致性问题。在进行 FFT 计算之后对 Cache 中的数据进行作废，问题解决。

【结论】没有维护数据 Cache 一致性。

No. 63 函数返回值出错

【现象】将某浮点数作为函数返回值时会出错。

【过程】

ⅴ 跟踪：在程序某函数中进行一个简单的浮点运算，单步调试查看该运算计算结果是对的。但是函数用 return 语句将结果返回时，返回主程序的数据就会出错。

ⅴ 解决：发现是缺少定义该函数的一个头文件，返回值不符合编译器函数调用规则。

【结论】缺少头文件。

No. 64　多核程序跑飞

【现象】在某多核处理器中，两个核同时运行相同的程序跑飞，单核运行该程序正常。

【过程】

∨ 跟踪：检查该程序工程的存储空间分配文件，发现该工程将程序私有数据段放在了共享空间。两个核同时运行时，各核的私有数据被相互改写。

∨ 解决：将私有数据段放在各核的私有空间后，两核运行程序正常。

【结论】私有数据段不能多核共享。

No. 65　多核通信故障

【现象】某多核处理器中，三个核通过共享数据池（Share Data Pool，SDP）通信，会出现偶发通信卡死的现象。

【过程】

∨ 跟踪：反复查找程序代码，未发现在通信机制中会造成卡死的情况。

∨ 跟踪：偶然查看程序反汇编代码，发现固化在设备 FLASH 中的程序二进制代码版本与正在调试的工程源码版本不同。通信接收核代码的 FLASH 固化版本中多了一个"读灯"操作，并且是在某种条件下才会被触发。触发该"读灯"操作时会导致通信接收核的"灯灭"，而后该核则无法读取到"灯亮"状态。

∨ 解决：更新 FLASH 程序版本，去掉多余的"读灯"操作。

【结论】固化版本要管理好。按规定使用流程对 SDP 进行操作。

No. 66　程序调优

【现象】程序在某处理器中运行时间过长，不能按实时要求完成计算。希望对程序进行优化，执行时间达到 1 s 以内。

【过程】

∨ 跟踪：首先使用编译器优化开关，开 – O2 级别优化。

∨ 跟踪：将程序中使用较多的函数和数据通过编译指令 CODE_SECTION

和 DATA_SECTION 指定放在片上程序存储区（PRAM）和片上数据存储区
（DRAM）中。优化后程序一次运行时间为 800 ms 左右，基本能达到性能
需求。

　　∨ 解决：将 PRAM 的 Cache 使能选项打开，程序运行不正确。调试定位
到是在之前优化时将部分程序放了了 PRAM 中，此时将 PRAM 作为 Cache 使
用后导致放在 PRAM 的程序被覆盖。改为将 PRAM 的程序均放在片外 SDRAM
存储器中。程序开 Cache 运行正常，运行一次是 200 ms 左右。

　　【结论】开编译器优化和开程序 Cache 能实现优化效果。

No. 67　程序计算错误

　　【现象】发现处理器运行某程序计算错误。

　　【过程】

　　∨ 跟踪：发现升高处理器主频会出现计算错误，怀疑是处理器在高主频
时工作不稳定。同时发现降低 DDR 时钟频率也会出现计算错误。

　　∨ 跟踪：通过在 IDE 中回溯错误数据发现，错误原因是 DMA 操作与主程
序运行配合时未进行握手判断，而仅通过各自执行时间保证先后顺序。当
DDR 降频后，DMA 读 DDR 数据时间变长，DMA 结束时刻后延；而主程序执
行时间基本不变，主程序开始操作输入数据时 DMA 还未完成全部数据搬移，
则出现计算出错。同理，主频升高时，主程序执行时间缩短，也会出现开始
操作输入数据时 DMA 还未完成全部数据搬移的情况。

　　∨ 解决：主程序操作数据前首先判断对应 DMA 是否完成。

　　【结论】DMA 与主程序运行配合不当导致计算错误。

6.11　SRIO 接口

　　SRIO 接口故障排查流程如图 6.1 所示。

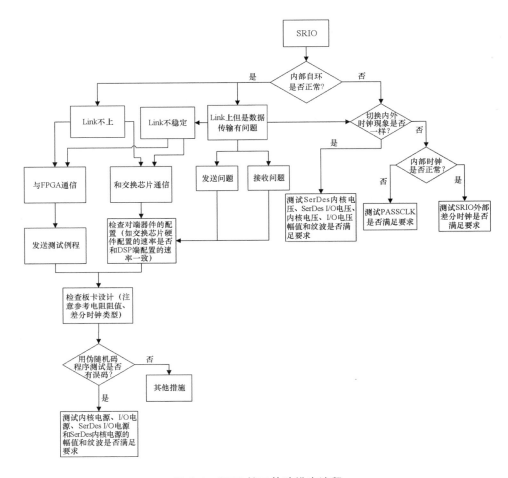

图 6.1　SRIO 接口故障排查流程

No. 68　初始化不成功

【现象】某硬件电路板中处理器的 SRIO 接口与 FPGA 相连。有时 SRIO 初始化成功但状态一直在跳变，有时直接初始化不过。

【过程】

⋎ 跟踪：发现 SRIO 参考时钟电平用的不是手册要求的 HCSL 类型电平，而是 LVDS 类型电平。建议修改参考时钟电平。

∨ 解决：换了参考时钟类型正常工作。

【结论】SRIO 参考时钟类型与要求不一致。

No. 69　门铃接收中断次数不对

【现象】SRIO 接收门铃消息时，接收方门铃中断的触发次数与发送方发送的门铃个数不一致。

【过程】

∨ 跟踪：确认发送方每 100 μs 发送一个门铃。接收方增加对收到的门铃数计数。

∨ 跟踪：发现接收方收到的门铃总数是与发送方一致的，但有时候收到几个门铃消息才触发一次中断。中断服务程序完成了中断标志清除，门铃信息与门铃数读取，应用程序处理、计数和延迟等功能。

∨ 跟踪：测试中断服务程序执行时间。发现应用程序处理部分耗时不固定，偶发执行时间过长，导致后续门铃消息到来时没能对中断及时响应。

∨ 解决：缩短中断服务程序执行时间后问题解决。

【结论】中断服务程序执行时间太长导致门铃中断响应不及时。

No. 70　门铃中断执行不正常

【现象】处理器核 0 从 SRIO0 端口采用 WDMA 方式向 SRIO1 端口写数据，数据写完后向 SRIO1 发送门铃消息。核 1 通过 SRIO1 接收到核 0 发送的门铃后进入门铃中断。核 0 循环发送门铃，当发送次数达到某个固定值时，会有一段延时，之后再继续循环发送。在延时之前每发送一个门铃对应进入一次中断，中断服务程序中 printf 会打印输出对应的信息，但延时后连续发几个门铃都没进入中断。进入调试断点后再发一次门铃，能正常进入中断，之后中断接收正常。

【过程】

∨ 跟踪：在处理器开发板上也能复现问题。

∨ 跟踪：确认故障出现与中断服务程序中执行了 printf 语句有关。将 printf 注释掉，然后通过看总计数判断有无进入中断。

∨ 解决：注释掉 printf 后，两个处理器核同时连续运行，中断没有丢失。

【结论】printf 函数影响了程序执行的实时性。程序中的 printf 函数含有断点和通信操作，会严重影响程序执行的实时性。当程序中有频繁中断操作时（如来自定时器、SRIO 门铃、外部管脚中断等）可能会导致中断丢失。本例中，核 0 和核 1 程序中都存在的 printf 语句和调试操作（仿真停，断点）也影响了故障现象的一致性。

No. 71　内部自环初始化卡死

【现象】SRIO 内部自环测试，发现程序卡在 PHY 寄存器初始化代码中。

【过程】

▽ 跟踪：检查板上时钟和电源。

▽ 跟踪：发现 SRIO 的 SerDes I/O 电源由板上 FPGA 控制上电。测试内部自环时未加载对应 FPGA 程序。

　▽ 解决：控制 FPGA 打开 SerDes I/O 电源后程序能正常运行。

【结论】SerDes I/O 没有供电。

No. 72　门铃中断时寄存器状态不正常

【现象】DSP SRIO 与 FPGA 连接，FPGA 发送门铃消息，DSP 接收到该门铃消息后能进入中断，但在 IDE 中发现"接收门铃消息寄存器"会自动清零。

【过程】

▽ 跟踪：接收的门铃被存放在"接收门铃消息寄存器"中，但该寄存器的实现方式是一个 FIFO。当调试者打开 IDE 的 memory 窗口观察该寄存器的值时对该 FIFO 进行了读取，可能会造成门铃丢失，甚至是 FIFO 指针错误。

▽ 跟踪：不通过 memory 窗口查看门铃消息寄存器，直接通过程序指令读该寄存器则正常。

【结论】接收门铃消息寄存器访问方式不正确。

6.12　PCIe 接口

No. 73　Link 不成功排查要点

1）首先确认参考电阻、参考时钟及其时钟类型、频率、抖动是否满足硬件设计要求；其次确认各路电源是否满足要求，包括电压幅值、纹波等；再次确认参考电阻是否满足要求。

2）确认是否使能了 PCIe 功能，其工作模式是否配置正确。可以通过读相关状态寄存器（如 DEVSTAT）来判断芯片 PCIe 状态是否与预期一致。

3）在保证以上硬件环境和配置都正确的前提下，打开芯片 PCIe 模块的电源和时钟，PCIe 模块自动进入 PCIe 链路训练状态。正常情况下最终 PCIe 链路状态机（LTSSM）会进入 L0 状态，即 PCIe 正常工作状态。只要保证 PCIe 的主机（RC）端和节点（EP）端都进入 L0 状态即可进行正常的 PCIe 数据传输操作。

4）若识别不了作为 EP 端的芯片，建议首先检查硬件方面，PCIe 是否使能、模式配置是否正确、外部参考时钟是否输入正确、PCIe 系统时钟是否正确输入。应注意部分主板的适配性差异。

5）EP 端板卡必须使用主板 PCIe 时钟才能被 RC 端识别。可以进行 EP 端和 RC 端设备的交叉测试，以确定是 EP 端还是 RC 端的问题。

6）若出现安装一块 EP 端 PCIe 板卡可识别、安装多块则不能识别的情况，在无桥片的情况下建议排查是否是由 RC 端容量受限导致，可将 BAR 空间配置减小（如 1 MiB）来测试看是否可以识别到。在中间接有桥片的情况下，要排查桥片的配置是否正确。

7）若 link 不上，即某一端没有进入 L0 状态，则：

a. 应首先保证硬件环境满足上述要求。

b. 检查配置的 PCIe 速率是否高于器件支持最高速率。

c. 建议先配置成 PCIe 1X（单 lan）测试。

d. 在连接交换机的情况下，检查高速线上串接的电容是否符合交换机手册要求，还可以通过高速示波器抓取波形做进一步判断。确认芯片是否发出了数据，交换机是否返回数据。若芯片发出数据但交换机未返回数据，则应排查交换机的配置是否正确。

e. 应关注 RC 端和 EP 端的 LTSSM 状态机处于何种状态，然后根据 PCIe 协议来进一步分析可能是由什么原因导致。

8）除以上之外，要注意金手指与插槽的接触性问题。当插槽或金手指较脏时可能导致主机端不能稳定识别 EP 端设备。

No. 74　收数据中断丢失

【现象】单板上两颗 DSP 通过 PCIe 直连，EP 端用 DMA 方式向 RC 端发数据并触发 RC 中断。RC 端接收到的中断个数比 EP 端发送的少，但接收数据没有丢失。

【过程】

∨ 跟踪：单独测试 PCIe 无异常，但在 RC 端增加了算法代码后，出现丢失中断现象。直接查看 RC 端内存，发现接收数据没有缺失。

∨ 跟踪：RC 端的主程序将输入数据从 DDR 通过 DMA 传输到 L2，调用库函数进行了 FFT 计算。运算完成后再将结果数据从 L2 通过 DMA 传到 DDR，通过等待查询 DMA 的中断标志位，判断 DMA 传输是否完成。中断服务程序与之前某功能正常版本相同。

∨ 跟踪：屏蔽算法代码程序，则 PCIe 工作正常。

∨ 跟踪：查找两颗芯片之间 PCIe 传输的问题，反复裁剪替换仍复现不了问题。而后从排查算法入手。算法和程序功能比较复杂，数据传输频繁，与 PCIe 传输结合后则出现丢包。将算法代码分解为小算法模块，用二分法逐步检查，看是哪个小模块造成了 PCIe 传输丢包。

∨ 解决：排查发现有其中一个小算法模块存在功能故障，是打开 − O3 级别编译优化选项引入的问题。关掉 − O3 级别优化开关即故障消失。

【结论】算法模块开优化引起程序开关全局中断偶发异常，导致 PCIe 收数据的中断丢失。

6.13　DDR 接口

No. 75　DDR3 故障排查要点

从软件和硬件两方面来排查故障。

1. 硬件

1）确认 DDR 接口部分的原理图设计和 PCB 布线是否符合芯片 DDR 的设计要求。仔细检查原理图中时钟线、电源线是否有漏连、错连、差分线极性接反等问题。

2）使用芯片自带交付物中的例程初始化 DDR，若发现 PLL 锁定状态寄存器异常，说明是 DDR 控制器内的 DLL PLL 没有锁定。此异常一般是芯片外围电路引起的。具体排查步骤如下：

a. 通过万用表、示波器等仪器测试故障板卡，检查芯片内核电源、I/O 电源、DDR 端接电压、DDR I/O 电压等是否正常，电源纹波是否满足芯片电源设计要求；

b. 检查高速示波器测量的 DDR 输出时钟是否与程序中配置的时钟频率一致；

c. 当芯片无有效散热措施时应特别注意芯片内部工作温度，可适当降温再进行调试。

2. 软件

1）确认该芯片支持的 DDR 接口功能，如是否支持 4 bit 位宽颗粒、是否支持 ECC、是否支持位宽缩减、是否仅支持 64 位宽、能否接 8 × 8 bit 颗粒无 ECC、能否接 4 × 16 bit 颗粒无 ECC 等。

2）确认板卡是否接了 ECC 颗粒、ECC 是否默认开启。如果板卡未接 ECC 颗粒，则需要在程序中关闭 ECC 校验功能。

3）确认板卡上 DDR 的颗粒具体型号及尾缀，查阅所用 DDR 颗粒手册确认其行地址、容量、位宽、最大运行频率等信息。然后在 DDR 驱动程序中修改相关输入参数。

4）注意测试程序在对 DDR 空间进行遍历时不要超过 DDR 实际空间大小。

5）关注 DDR 驱动程序打印输出的状态提示，当发生故障时可开启输出详细日志。

No. 76　初始化卡在 68 号寄存器

【现象】对新设计板卡的 DDR 接口进行调试时，发现使用之前老板卡上已经调通的驱动程序对新板卡初始化时均卡在 68 号寄存器处。

【过程】

∨ 跟踪：DDR I/O 电源在板上是通过 FPGA 控制使能的，测试发现 DDR I/O 电源（1.5 V）没有供电。

∨ 解决：将新板卡的 DDR I/O 电源使能打开供电后再进行测试，能稳定初始化通过，且反复内存遍历测试正常。

【结论】DDR I/O 电源未供电。

No. 77 高温出现单比特错误

【现象】在高温 60 ℃对板卡进行 DDR 测试，读写数据中出现单 bit 错误。

【过程】

ˇ 跟踪：芯片采用的冷板散热，芯片内部温度会高于环境温度。

ˇ 解决：在 DDR 程序中采用高温环境配置参数，即将"高温 85 ℃宏定义"打开，测试正常。

【结论】高温配置参数不当。

No. 78 DDR 初始化不成功 1

【现象】DDR2 初始化不成功。

【过程】

ˇ 跟踪：发现所用 DDR 初始化程序，没有根据板卡上的实际情况调整 ODT、DRV 等参数配置。

ˇ 解决：调整之后 DDR 初始化正常。

【结论】DDR 驱动程序配置参数与板级实际情况不符，导致初始化不成功。

No. 79 DDR 初始化不成功 2

【现象】DDR 初始化时，对 Write Leveling、Read Leveling、Gate Leveling 设置后，读回时序参数正确，但是出现 address BIST fail 和 data BIST fail 错误标识。

【过程】

ˇ 跟踪：测试发现内核电源幅值为 0.935 V，纹波为 289 mV；DDR I/O 电源幅值为 1.49 V，纹波为 15 mV。因此内核电源纹波过大。

ˇ 跟踪：测试 DDRCLK 时钟质量，N-周期抖动（N-cycle Jitter）为 597.7 ps。对比 DDR 正常的板卡时钟质量，N-cycle Jitter 仅为 78.24 ps。因此板卡上的 DDRCLK 时钟质量较差，抖动较大。该板级时钟电路设计使用一个 25 MHz 晶振通过一个时钟缓冲器（Buffer）提供了多路时钟所需信号。所以初步判断是时钟信号经过了 buffer 驱动之后质量变差。

    ᐯ 解决：通过在电源上并联电容降低内核电压纹波。电路板上在内核电源靠近处理器端设计有多只滤波电容，在其中两只电容上各并两个 100 μF 的电容。此方法将内核电源纹波降到 10 mV 左右。同时使用另一块板 25 MHz 晶振输出的时钟信号，飞线接到本电路板上作为 DDRCLK 输入时钟。测试多次该 DDR 初始化和全空间内存数据校验均正确。

    【结论】内核电源纹波太大、时钟抖动太大。

No. 80　DDR 初始化不成功 3

    【现象】板上设计有两颗 DSP。进行 DDR 初始化，400 MHz（800 MT/s）下小概率能初始化通过，667 MHz（1 333 MT/s）和 800 MHz（1 600 MT/s）下初始化均失败 。

    【过程】

    ᐯ 跟踪：测试 DSP 内核电源纹波，DSP1 为 224 mV、DSP2 为 208 mV。测试 DDR I/O 电源纹波，DSP1 为 20 mV、DSP2 为 18 mV。判断内核电压的纹波过大。

    ᐯ 跟踪：为降低 DSP 内核电源纹波，尝试在内核电源上并联四个 470 μF 大电容，将 DSP1 和 DSP2 的纹波分别降低至 40 mV、38 mV。

    ᐯ 解决：将电源纹波降低之后，DDR 初始化成功，测试无异常。

    【结论】内核电源纹波过大，导致 DDR 高频无法工作。

No. 81　DDR 高频初始化不成功

    【现象】DDR 初始化只有在 400 MHz（800 MT/s）下能通过，667 MHz（1 333 MT/s）和 800 MHz（1 600 MT/s）下初始化均失败。具体表现为 data/address BIST fail，且大概率表现为 slice 6、7 有问题。

    【过程】

    ᐯ 跟踪：首先测试板卡电源纹波，内核电源纹波为 14 mV，DDR I/O 电源纹波为 14 mV，VTT 电源纹波为 14 mV。测试板卡输入时钟（CKLIN）周期抖动为 81.5 ps。电源和时钟都质量较好。

    ᐯ 跟踪：检查 DDR 初始化程序打印的日志文件（Log），发现 Write Leveling 训练 slice 0 → slice 5 的延时参数值呈递减状态，但是 slice 6、7 两个延时参数值很大。

  ⅴ 定位：确定 PCB 板上 DDR 走线按 fly-by slice 7→ slice 0 顺序，因此 slice 6、7 延时参数也应按 slice 0→slice 5 呈递减规律。可能是因为 PCB 干扰导致训练不正确。

  ⅴ 解决：在驱动程序中尝试将 slice 6、7 的延时值强制改为 0。改好之后板卡初始化成功。内存数据校验没有问题。

  【结论】DDR Write Leveling 训练结果不正确。

No. 82　DDR 高频测试不通过

  【现象】某 DDR 接口在 800 MT/s 下测试通过，但是在 1 600 MT/s 下测试不通过。未接 ECC 颗粒。

  【过程】

  ⅴ 跟踪：DDR 驱动程序运行时输出错误信息为 data BIST fail。

  ⅴ 跟踪：发现 PCB 设计存在问题，使第一片 DDR 颗粒时钟受到影响。具体为 DSP 的 DDRCLKOUTP0 和 DDRCLKOUTN0 信号线通过串接电阻接入第一片 DDR 颗粒，其他 DDR 颗粒的这两个信号线没有接电阻。将第一片 DDR 颗粒的串接电阻分别短路，问题解决。

  【结论】PCB 设计串接电阻不当，DDR 时钟信号受到影响。

6.14　网络接口

No. 83　网口测试异常

  【现象】运行 GMAC 协议的 UDP 测试例程时，发现电脑识别不到网口。

  【过程】

  ⅴ 跟踪：首先应确定运行程序时，网口是偶尔识别不到，还是一直识别不到。

  ⅴ 跟踪：反馈是电脑一直识别不到网口。建议从 RJ45 接口开始排查硬件通路。

  ⅴ 解决：重新焊接 RJ45 插座后，电脑能识别到网口。

【结论】RJ45 虚焊。

No. 84　通信低温故障

【现象】网口在常温下可以正常启动，工作正常。在 – 40 ℃下静置20 min 后启动，主程序启动正常，但是网络不通。

【过程】

∀ 跟踪：读 MAC 层配置寄存器发现速率是百兆，而 PHY 寄存器状态是千兆。

∀ 跟踪：修改 GMII 地址寄存器的 CR 位域。尝试调整 CR 位域范围（设为 1 ~ 5），传输有改善，但有时还是不通。

∀ 跟踪：发现是 MDIO 与 PHY 之间的电平转换芯片的电路设计有问题，MDIO 未能正常向 PHY 传输数据。

【结论】MDIO 与 PHY 之间的电平转换芯片的电路设计问题。

No. 85　网口故障

【现象】板卡上装有两颗 DSP。DSP1 的网口工作正常，DSP2 的网口出现故障。

【过程】

∀ 跟踪：测试时钟信号，两颗 DSP 的内部输入时钟均为同型号晶振直接输入。外部时钟也是由同型号的时钟芯片提供。时钟工作正常。

∀ 跟踪：测试 GMAC 的 LOOPBACK。测试结果为外部时钟、内部时钟下 MAC_LOOPBACK、SGMII_LOOPBACK、PHY_LOOPBACK 均不通。

∀ 跟踪：使用 LDO 器件提供 SerDes 电源，电源纹波较小。测试内核电源、SerDes 内核电源、SerDes I/O 电源，VDD 为 3.88 mV、VDDP 为 1.12 mV、VDDP15 为 1.82 mV。

∀ 跟踪：通过 FPGA 控制两颗 DSP 的上电时序。两颗 DSP 上电时序与推荐上电时序完全相同。发现若仅控制 DSP1 或 DSP2 单独上电，GMAC 均正常。若控制两颗 DSP 同时上电，DSP2 工作有问题。推测两颗 DSP 在上电过程中相互影响。

∀ 跟踪：抓取上电过程电压波形，发现 DSP2 上电时 SerDes 电源电压会出现一定波动。

∨ 解决：上电时序不变，仅将 DSP2 上电时间整体向前调整 2 ms，之后 DSP2 GMAC 正常。

【结论】板上两颗 DSP 同时上电时可能瞬态电流过大，造成 SerDes 供电异常。

No. 86   网口不响应中断故障

【现象】对网络 UDP 协议程序进行接收测试，出现正常工作一段时间后不再响应网口中断的情况，之后网口无法正常工作；并且在测试时发现，在板卡网口与 PC 机直连时，网口会在较短的时间内就出现以上异常；如果在板卡网口与 PC 机之间增加交换机，网口正常工作的时间会延长。

【过程】

∨ 跟踪：深入检查网络驱动程序发现，该驱动程序在进入网口中断服务程序时未立即清除相应中断标志位（CIC），而是在退出中断服务程序前清除 CIC；并且在中断服务程序中未维护网口的描述符，只是通知主程序去对网络中断标志和网口描述符进行维护。

∨ 跟踪：在功能正常的网络驱动程序中，应在进入中断服务程序时，立即对网口对应的 CIC 进行清除，同时关闭网口的中断使能，且在中断服务程序中维护描述符列表，出中断服务程序前恢复相关中断使能。照此更改后，程序功能正常。

∨ 跟踪：增加交换机出现差异的原因仍然是网络中断问题。当网口直连 PC 机时，对网口的传输压力比有交换机时更大，更容易触发网络中断问题。

∨ 解决：增加以上措施后，程序执行期间再未出现网口不响应中断的现象。

【结论】中断服务程序没有正确处理网络相关功能。

附录1 嵌入式系统知识库

为了调试基于处理器的嵌入式系统，需要在电子技术、集成电路、计算机、软件工程、通信等学科领域具备丰富的基础知识储备。限于篇幅，本书将各个技术点或方向列举在此，以便大家参考。各个技术点从原理、入门到进阶和精通，都有大量教材和技术书籍供学习掌握。虽然技术是学不完的，但至少应该了解各个技术点的概要和范围，以便需要时能快速定位，高效学习，现学现用。

A 技术原理

A1 电路基础

A101 模电基础
A102 数电基础
A103 信号与系统
A104 数字信号处理
A105 通信原理
等等

A2 软件方面

A201 编程语言：C 语言
A202 编程语言：MATLAB 或 Python
A203 汇编语言
A204 编译原理及优化

A205 操作系统原理

A206 面对对象的编程思想

A207 软件工程思想

A208 各种主流软件架构

A209 软件测试与验证

等等

A3　计算机硬件

A301 计算机原理

A302 处理器体系结构

A303 嵌入式系统

A304 计算机网络

等等

B　领域知识及工具（专业知识）

B1　电子系统设计

B101 常见嵌入式系统

B102 数字信号处理系统的典型结构

B103 FPGA 芯片及开发环境

B104 硬件设计语言 Verilog

B105 硬件设计语言 VHDL

B106 高级综合语言 HSL

B107 DSP 处理器常识

B108 ARM 处理器常识

B109 常见单片机原理和结构

B110 嵌入式系统仿真调试

B111 DSP 程序优化方法

B112 处理器常见软件架构 OPENMP/OPENCL/MPI 等

等等

B2 电子系统硬件设计与制造

B201 PCB 设计

B202 PCB 加工过程

B203 PCB 装焊过程

B204 信号完整性分析及仿真（SI）

B205 电源完整性分析及仿真（PI）

B206 热设计及仿真

等等

B3 集成电路设计与制造

B301 集成电路可靠性

B302 集成电路测试方法

B303 集成电路设计制造常识

B304 集成电路封装常识

B305 宇航用抗辐照集成电路常识

B306 数字集成电路验证方法

等等

C 产品信息（协议、元器件手册等）

看懂元器件中英文产品手册，了解具体参数含义，具备快速阅读、抓住要点的能力。

C1 嵌入式最小系统及配套芯片

C101 电源及电源芯片

C102 时钟及时钟源、驱动芯片

C103 复位及复位芯片

C104 SRAM 芯片

C105 FLASH 芯片

C106 常见传感器：数字接口、模拟接口

C107 AD/DA

等等

C2　常见高速接口

C201 DRAM

C202 DDR2

C203 DDR3

C204 DDR4

C205 SRIO

C206 PCIe

C207 GMAC

C208 XGMAC

C209 SATA

C210 SD

C211 SerDes/PHY

C212 USB

C213 LVDS

C214 204B

等等

C3　常见低速接口

C301 EMC

C302 ASRAM

C303 SBSRAM

C304 FIFO

C305 DPRAM

C306 SPI

C307 I2C

C308 I3C

C309 UART

C310 GPIO

C311 CAN

C312 1553B

C313 JTAG 接口及协议

等等

C4　常见处理器内部部件

C401 指令集、流水线、VLIW、超标量

C402 中断

C403 Cache 原理、结构、应用

C404 DMA

C405 MMU

C406 预取、分支预测

C407 共享存储器

C408 加速器

C409 看门狗

等等

C5　各种标准

了解协议的一般范围和描述方法，能快速找到指定协议并快速阅读。

C501 ISO

C502 IEEE

C503 GB

C504 GJB

等等

D 工具使用

D1 仪器使用

D101 数字电源

D102 万用表

D103 示波器

D104 逻辑分析仪

D105 误码仪

D106 信号源

D107 红外成像

等等

D2 常用设备

D201 电烙铁

D202 热风枪

D203 拆焊台

D204 低温箱

D205 自动机械手

等等

E 软技能

E101 软硬件调试的一般方法

E102 写文档的方法和模板

E103 记录测试过程、数据和结果的方法

E104 逻辑思维方法

E105 交流沟通方法

E106 项目管理常识

E107 组织开会的方法

E108 高效学习的方法

E109 写 PPT 和汇报

E110 使用 Excel 技巧

等等

附录 2　状态机切换示例代码

本附录给出一个在典型软件实时信息处理中，采用状态机方式处理复杂流程控制的例子。采用状态机方式可避免使用过多的全局变量和标志位，流程简洁清晰，不易出错，参见 4.3.1 小节。该状态机切换方式如图 1 所示，例子代码附后。

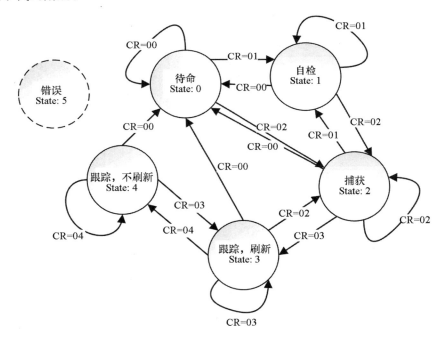

图 1　状态机切换示意图

```
int DSP_State = 0;              //当前状态机
int DSP_State_Next = 0;         //下一次状态机
int CR_Byte;                    //接收到的命令字
```

...

```
// - - - - - - - - - - - -State Flow - - - - - - - - - - - - - - - - -
if( DSP_State = = 0 )                    //待命
{
    if( CR_Byte = = 0x00 )              //待命
    {
        DSP_State_Next = 0 ;
    }
    else if( CR_Byte = = 0x01 )          //自检
    {
        DSP_State_Next = 1 ;
    }
    else if( CR_Byte = = 0x02 )          //捕获
    {
        DSP_State_Next = 2 ;
    }
    else if( CR_Byte = = 0x03 )          //跟踪,刷新
    {
        NOP ;
    }
    else if( CR_Byte = = 0x04 )          //跟踪,不刷新
    {
        NOP ;
    }
    else
    {
        DSP_State_Next = 5 ;            //错误
    }
}
else if( DSP_State = = 1 )                //自检
{
```

```
    if( CR_Byte = =0x00 )            //待命
    {
        DSP_State_Next =0 ;
    }
    else if( CR_Byte = =0x01 )        //自检
    {
        DSP_State_Next =1 ;
    }
    else if( CR_Byte = =0x02 )        //捕获
    {
        DSP_State_Next =2 ;
    }
    else if( CR_Byte = =0x03 )        //跟踪,刷新
    {
        NOP ;
    }
    else if( CR_Byte = =0x04 )        //跟踪,不刷新
    {
        NOP ;
    }
    else
    {
        DSP_State_Next =5 ;           //错误
    }
}
else if( DSP_State = =2 )             //捕获
{
    if( CR_Byte = =0x00 )             //待命
    {
        DSP_State_Next =0 ;
    }
    else if( CR_Byte = =0x01 )        //自检
```

```
        {
            DSP_State_Next = 1;
        }
        else if( CR_Byte = = 0x02 )        //捕获
        {
            DSP_State_Next = 2;
        }
        else if( CR_Byte = = 0x03 )        //跟踪,刷新
        {
            DSP_State_Next = 3;
        }
        else if( CR_Byte = = 0x04 )        //跟踪,不刷新
        {
            DSP_State_Next = 4;
        }
        else
        {
            DSP_State_Next = 5;            //错误
        }
    }
    else if( DSP_State = = 3 )            //跟踪,刷新
    {
        if( CR_Byte = = 0x00 )            //待命
        {
            DSP_State_Next = 0;
        }
        else if( CR_Byte = = 0x01 )        //自检
        {
            NOP;
        }
        else if( CR_Byte = = 0x02 )        //捕获
        {
```

```
                DSP_State_Next = 2 ;
        }
        else if( CR_Byte = = 0x03 )         //跟踪,刷新
        {
                DSP_State_Next = 3 ;
        }
        else if( CR_Byte = = 0x04 )         //跟踪,不刷新
        {
                DSP_State_Next = 4 ;
        }
        else
        {
                DSP_State_Next = 5 ;        //错误
        }
    }
    else if( DSP_State = = 4 )               //跟踪,不刷新
    {
        if( CR_Byte = = 0x00 )              //待命
        {
                DSP_State_Next = 0 ;
        }
        else if( CR_Byte = = 0x01 )         //自检
        {
                NOP ;
        }
        else if( CR_Byte = = 0x02 )         //捕获
        {
                NOP ;
        }
        else if( CR_Byte = = 0x03 )         //跟踪,刷新
        {
                DSP_State_Next = 3 ;
```

```
        }
    else if( CR_Byte = = 0x04 )        //跟踪,不刷新
        {
            DSP_State_Next = 4;
        }
    else
        {
            DSP_State_Next = 5;        //错误
        }
    }
else
    {
        DSP_State_Next = 0;
    }
DSP_State = DSP_State_Next;            //更新状态机

//在各个状态内,可以执行对应的信息处理代码。
switch( DSP_State )
    {
    case 0:
            //执行"待命状态"中允许的处理任务
            break;
    case 1:
            //执行"自检状态"中允许的处理任务
            break;
    case 2:
            //执行"捕获状态"中允许的处理任务
            break;
    case 3:
            //执行"跟踪,刷新状态"中允许的处理任务
            break;
    case 4:
```

```
            //执行"跟踪,不刷新状态"中允许的处理任务
        break;
    case 5:
        //执行"错误状态"中的处理任务
        break;
    default:
        //检测到状态机切换出错
}
```

参 考 文 献

［1］　Preusser T B，Gautham S，Rajagopala A D，et al. Everything you always wanted to know about embedded trace ［J］. Computer，2022，55（2）：34－43.

［2］　CoreSight technical introduction white paper［EB/OL］. ［2023－01－25］. https：//developer. arm. com/documentation/epm039795/latest.

［3］　System ip：CoreSight debug and trace［EB/OL］. ［2023－01－25］. https：//www. arm. com/products/silicon-ip-system/coresight-debug-trace/coresight-ela-500.

［4］　Keystone Ⅱ architecture debug and trace user guide［EB/OL］. ［2023－01－25］. http：//www. ti. com/lit/ug/spruhm4/spruhm4. pdf.

［5］　Nexus 5001 forum™ standard［S/OL］. ［2023－02－11］. https：//nexus5001. org/nexus-5001-forum-standard/.

［6］　布兰登·罗伊尔. 一本小小的蓝色逻辑书［M］. 冯亚彬，刘祥亚，译. 北京：九州出版社，2016.

［7］　Klein G，Dabney A. 深入浅出学统计［M］. 李芳，译. 北京：电子工业出版社，2016.

［8］　徐拾义. 可信计算系统设计和分析［M］. 北京：清华大学出版社，2006.

［9］　Clark J A，Pradhan D K. Fault injection：a method for validating computer-system dependability［J］. Computer，1995，28（6）：47－56.

［10］　朱迪亚·珀尔，达纳·麦肯齐. 为什么：关于因果关系的新科学［M］. 江生，于华，译. 北京：中信出版社，2019.

［11］　文森特·鲁吉罗. 超越感觉：批判性思考指南［M］. 顾肃，董玉荣，译. 上海：复旦大学出版社，2010.

［12］　高杉尚孝. 麦肯锡问题分析与解决技巧［M］. 郑舜珑，译. 北京：北京

时代华文书局有限公司, 2014.

[13] 解读"双五条"质量问题归零 [EB/OL]. [2023 – 01 – 25]. https://
zhuanlan. zhihu. com/p/271123178? utm_id = 0.

[14] 张银奎. 软件调试[M]. 北京: 电子工业出版社, 2008.

[15] Swoboda G. Combat integration's dark side with new development tools[J].
Electronic Design, 2003, 51(20): 67 – 67.

[16] Metzger R C. 软件调试思想[M]. 尹晓峰, 马振萍, 译. 北京: 电子工
业出版社, 2004.

[17] 扈啸, 王耀华, 阮喻. 嵌入式处理器片上追踪调试技术[M]. 长沙: 国
防科技大学出版社, 2021.

[18] Leatherman R, Stollon N. An embedding debugging architecture for SOCs[J].
IEEE Potentials, 2005, 24(1): 12 – 16.

[19] Kirovski D, Potkonjak M, Guerra L M. Improving the observability and
controllability of datapaths for emulation-based debugging [J]. IEEE
Transactions on Computer-Aided Design of Integrated Circuits and Systems,
1999, 18(11): 1529 – 1541.

[20] Goldstein L H. Controllability/observability analysis of digital circuits [J],
IEEE Transactions on Circuits and Systems, 1979, 26(9): 685 – 693.

[21] Bushnell M L, Agrawal V D. 超大规模集成电路测试: 数字、存储器和混
合信号系统[M]. 蒋安平, 冯建华, 王新安, 译. 北京: 电子工业出版
社, 2005.

[22] 毛法尧. 数字逻辑[M]. 北京: 高等教育出版社, 2000.